程序设计基础（C 语言）实践教程

高洪皓　主　编

邹启明　陶　媛　副主编

电子工业出版社

Publishing House of Electronics Industry

北京 · BEIJING

内 容 简 介

本书分为 6 章，内容包括基础知识、程序控制结构、数组、函数、指针、结构体与文件。

作为《程序设计基础（C 语言）》（第 2 版）的辅助教材，本书从知识点、案例实践和习题三个角度梳理了程序设计基础内容，为本科生和程序设计初学者提供参考。知识点是对《程序设计基础（C 语言）》（第 2 版）中重点和难点的整理。案例实践中包含大量实际编程案例题目，并采用"C 代码+注释"的形式直观地给出解答，方便进行模拟和修改练习。习题配有参考答案，有助于检查对知识点的掌握程度。

图书在版编目（CIP）数据

程序设计基础（C 语言）实践教程 / 高洪皓主编. —北京：电子工业出版社，2021.5
ISBN 978-7-121-41153-3

Ⅰ. ①程…　Ⅱ. ①高…　Ⅲ. ①C 语言－程序设计－高等学校－教材　Ⅳ. ①TP312.8

中国版本图书馆 CIP 数据核字（2021）第 087255 号

责任编辑：冉　哲
印　　刷：三河市君旺印务有限公司
装　　订：三河市君旺印务有限公司
出版发行：电子工业出版社
　　　　　北京市海淀区万寿路 173 信箱　邮编　100036
开　　本：787×1092　1/16　印张：9.75　字数：255 千字
版　　次：2021 年 5 月第 1 版
印　　次：2024 年 11 月第 5 次印刷
定　　价：29.80 元

前　　言

大学生计算机实践操作和代码编程能力是大学计算机基础教学的重点。本书分为 6 章，内容包括基础知识、程序控制结构、数组、函数、指针、结构体与文件。

作为《程序设计基础（C 语言）》（第 2 版）的辅助教材，本书从知识点、案例实践和习题三个角度梳理了程序设计基础内容，为本科生和程序设计初学者提供参考。知识点是对《程序设计基础（C 语言）》（第 2 版）中重点和难点的整理。案例实践中包含大量实际编程案例题目，并采用"C 代码+注释"的形式直观地给出解答，方便进行模拟和修改练习。习题配有参考答案，有助于检查对知识点的掌握程度。

在编写本书的过程中，作者参阅了大量参考书和程序设计竞赛等有关资料，在此向这些作者表示衷心感谢！

本书由高洪皓任主编，邹启明和陶媛任副主编，黄婉秋、戴宝斌、张义达、刘灿、周琳、王雪杰参与了编写工作。陈章进、高珏、严颖敏、王文、马骄阳、钟宝燕、张军英、朱宏飞、佘俊等老师对本书的内容提出了很多宝贵意见，邱彬洋、冉琼慧子等帮助核对了部分书稿内容，在此表示衷心感谢！

由于时间仓促，作者水平有限，书中难免有错误之处，敬请读者批评指正。

作者
2021 年春
上海

目　录

第1章　基础知识 ·· 1

1.1　知识点 ··· 1

1.2　案例实践 ·· 2

1.3　习题 ·· 11

第2章　程序控制结构 ··· 15

2.1　知识点 ·· 15

2.1.1　顺序结构 ··· 15

2.1.2　选择结构 ··· 15

2.1.3　循环结构 ··· 16

2.1.4　循环嵌套 ··· 17

2.2　案例实践 ··· 18

2.3　习题 ·· 32

第3章　数组 ··· 36

3.1　知识点 ·· 36

3.1.1　一维数组 ··· 36

3.1.2　二维数组 ··· 36

3.1.3　一维字符数组 ··· 36

3.2　案例实践 ··· 38

3.3　习题 ·· 54

第4章　函数 ··· 60

4.1　知识点 ·· 60

4.1.1　函数的定义 ·· 60

4.1.2　函数调用 ··· 60

4.2　案例实践 ··· 62

4.3　习题 ·· 79

第5章　指针 ··· 84

5.1　知识点 ·· 84

5.2　案例实践 ··· 85

第6章　结构体与文件 ··· 98

6.1　知识点 ··· 98

　　6.1.1　结构体 ··· 98

　　6.1.2　文件 ··· 99

6.2　案例实践 ··· 100

6.3　习题 ··· 143

参考资料 ··· 149

第1章 基础知识

1.1 知识点

（1）C程序基本组成单位是函数，一个C程序由若干个函数构成，至少应包含主函数 int main()。主函数名字 main 是固定的，不能随意改变。C 程序从主函数处开始运行，当主函数结束时，程序也就结束了。花括号"{}"内的语句称为函数体，由语句组成，每个语句以";"结束。C程序书写形式自由，一行内可以写多个语句。

（2）用户在命名标识符（如定义变量）时，要符合 C 语言的标识符命名规则，应该尽量做到见名知义。此外，C 语言区分大小写英文字母。

（3）在 C 语言中，数据有常量和变量两种表现形式。常量是指在程序运行过程中其值不发生变化的量。变量是指在程序运行过程中其值能被改变的量。在程序中使用变量应遵循"先定义，后使用"的原则，即在使用变量之前必须先定义其类型，否则程序无法为该变量分配存储空间。

（4）输入/输出是程序中最基本的操作之一。C 程序的输入/输出通过调用函数完成，最常用的是格式化输入/输出函数 scanf()和 printf()。没有输入的程序只能处理固定的数据，每次运行只能得到相同的结果，通常这样的程序使用价值不大；而没有输出的程序是毫无意义的。

（5）在求解一个表达式的时候，运算次序要严格按照运算符优先级和结合性进行。

（6）运算符包括算术运算符、赋值运算符、关系运算符、逻辑运算符、条件运算符、位运算符等。在实际编程时，需要注意其运算规则。

1.2 案例实践

案例 1-1　输出"Hello world!"

【问题描述】输出"Hello world!"。

【输出】

Hello world!

【问题解析】C 语言基本输出函数的应用。

【参考代码】

```
#include <stdio.h>
int main(){
    printf("Hello world!");
    return 0;
}
```

案例 1-2　输出三角形

【问题描述】输出指定的由"*"组成的三角图案。

【输出】

```
****
***
**
*
```

【问题解析】C 语言基本输出函数的应用。

【参考代码】

```
#include<stdio.h>
int main(){
    printf("****\n");   //\n 表示换行
    printf("***\n");
    printf("**\n");
    printf("*\n");
    return 0;
}
```

案例 1-3　输出菱形图案

【问题描述】输出指定的由字符"C"组成的菱形图案。

【输出】

```
  C
C   C
  C
```

【问题解析】注意每行结束后可以直接输出'\n'。

【参考代码】

```
#include<stdio.h>
int main(){
    printf("  C\n ");   //直接按空格占位
    printf("C    C\n ");
    printf("  C");
    return 0;
}
```

案例 1-4　混合数据类型格式化输入

【问题描述】顺序读入：浮点数 1，整数，字符，浮点数 2，再在一行中按照"字符，整数，浮点数 1，浮点数 2"的顺序输出。要求：中间以一个空格分隔，浮点数保留 2 位小数。

【输入 1】2.11 5 a 5.423

【输出 1】a 5 2.11 5.42

【输入 2】3.145 99 z 0.12

【输出 2】z 99 3.15 0.12

【参考代码】

```
#include<stdio.h>
int main(){
    double f1,f2;
    int a;
    char c;
    scanf("%lf %d %c %lf",&f1,&a,&c,&f2);
    printf("%c %d %.2lf %.2lf",c,a,f1,f2);
    return 0;
}
```

案例 1-5　输出年、月、日

【问题描述】按指定格式输入一个日期，分别输出这个日期的年、月、日。

【输入 1】2020-01-01

【输出 1】Year: 2020, Month: 01, Day: 01

【输入 2】2020-09-01

【输出 2】Year: 2020, Month: 09, Day: 01

【参考解释】"%02d"格式指定格式符 d 占 2 位，而 0 表示 2 位不足的时候自动填 0。

【参考代码】

```c
#include <stdio.h>
int main()
{
    int year, month, day;
    scanf("%d-%d-%d", &year, &month, &day);
    printf("Year: %4d, Month: %02d,
            Day: %02d \n", year, month, day);
    return 0;
}
```

案例 1-6   大数相加

【问题描述】实现两个数相加，但它们的数值可能很大。

【输入 1】

1

2

【输出 1】

3

【输入 2】

222222222222222222

333333333333333333

【输出 2】

555555555555555555

【问题解析】由于参与计算的数值比较大，而且明显比 int 型允许的最大值大，因此考虑用其他数据类型。

【参考代码 1】

```c
#include <stdio.h>
int main(){
    long long a,b;
    scanf("%lld",&a);
    scanf("%lld",&b);
    printf("%lld",a+b);
    return 0;
}
```

【参考代码 2】

```c
#include <stdio.h>
int main(){
    double a,b;
    scanf("%lf",&a);
```

```c
    scanf("%lf",&b);
    printf("%.0lf",a+b);
    return 0;
}
```

案例 1-7   十进制数转换为八进制数

【问题描述】输入一个十进制数，将其转换为八进制数后输出。

【输入 1】12

【输出 1】14

【输入 2】16

【输出 2】20

【问题解析】在输入数据时，用"%d"格式从键盘读入一个十进制数；在输出数据时，用"%o"格式将读入的数转换为八进制数后输出。

【参考代码】

```c
#include<stdio.h>
int main(){
    int a;
    scanf("%d",&a);
    printf("%o",a);
    return 0;
}
```

案例 1-8   十进制数转换为十六进制数

【问题描述】输入一个十进制数，将其转换为小写形式十六进制数输出。

【输入 1】100

【输出 1】64

【输入 2】71

【输出 2】47

【问题解析】在输入数据时，用"%d"格式从键盘读入一个十进制数；在输出数据时，用"%x"格式将读入的数转换为小写形式十六进制数后输出。

【参考代码】

```c
#include<stdio.h>
int main(){
    int a;
    scanf("%d",&a);
```

```
    printf("%x",a);
    return 0;
}
```

案例 1-9　浮点数的表示

【问题描述】输入一个小数形式的浮点数，以指数形式将其输出。要求：指数用 e 表示。

【输入 1】12.345

【输出 1】1.234500e+001

【输入 2】7000.3

【输出 2】7.000300e+003

【问题解析】在输入数据时，用"%f"格式从键盘读入一个浮点数；在输出数据时，用"%e"格式将读入的数转换成指数形式进行输出。

【参考代码】

```
#include<stdio.h>
int main(){
    float a;
    scanf("%f",&a);
    printf("%e",a);
    return 0;
}
```

案例 1-10　整数的格式化输出

【问题描述】输入一个整数，并在同一行中输出该数两次。要求：第一次输出整数的原始形式，第二次输出数据的最小宽度为 6，并且右对齐。

【输入 1】12

【输出 1】12,　　　　12

【输入 2】321

【输出 2】321,　　　321

【问题解析】在%和格式符之间还可加入附加格式符 m，其表示输出数据的最小宽度，当 m 取值为正时，输出的数据右对齐；当 m 取值为负时，输出的数据左对齐。

【参考代码】

```
#include<stdio.h>
int main(){
    int a;
```

```
    scanf("%d",&a);
    printf("%d,%6d",a,a);
    return 0;
}
```

案例 1-11　浮点数的格式输出

【问题描述】输入一个浮点数，并输出之。要求：输出数据的宽度为 8，右边补空格，保留 2 位小数。

【输入 1】123456.654321

【输出 1】123456.66

【输入 2】1234.5678

【输出 2】1234.57

【问题解析】用"%-m.nf"格式输出的数据左对齐，右边补空格，m 表示数据宽度，n 表示保留的小数位数。

【参考代码】

```
#include<stdio.h>
int main(){
    float a;
    scanf("%f",&a);
    printf("%-8.2f",a);
    return 0;
}
```

案例 1-12　四舍五入

【问题描述】输入一个浮点数，四舍五入后，输出一个整数。

【输入 1】123456.654321

【输出 1】123457

【输入 2】1234.4678

【输出 2】1234

【问题解析】主要有两种方法：%.0lf 或+0.5。

【参考代码 1】

```
#include<stdio.h>
int main(){
    double a;
    scanf("%lf",&a);
    printf("%.0lf",a);
    return 0;
}
```

【参考代码 2】

```c
#include<stdio.h>
int main(){
    int b;
    double a;
    scanf("%lf",&a);
    b=a+0.5;
    printf("%d",b);
    return 0;
}
```

案例 1-13　字符串加密

【问题描述】将"China"译成密文并输出，加密规律是：按照英文字母表顺序，用原文字母后面的第 5 个字母代替原文字母。

【输出】Hmnsf

【问题解析】用赋初值的方法使 c1,c2,c3,c4,c5 这 5 个变量的值分别为'C','h','i','n','a'。利用 ASCII 码表，将原文转换成密文。

【参考代码】

```c
#include <stdio.h>
int main(){
    char c1='C', c2='h', c3='i', c4='n', c5='a';
    c1+=5;   //c1+=5 等价于 c1=c1+5
    c2+=5;
    c3+=5;
    c4+=5;
    c5+=5;
    printf("%c%c%c%c%c\n",c1,c2,c3,c4,c5);
    return 0;
}
```

案例 1-14　英文字母大写转小写

【问题描述】输入大写英文字母（限定为 A～Z），输出对应的小写英文字母。

【输入 1】A

【输出 1】a

【输入 2】C

【输出 2】c

【输入 3】E

【输出 3】e

【问题解析】关键点是，大写英文字母和小写英文字母的 ASCII 码值相差 32。如果不记得该差值，可以用偏移量进行转换。

【参考代码】

```c
#include<stdio.h>
int main(){
    char ch;
    scanf("%c",&ch);
    ch= ch-'A'+'a';   //或者 ch=ch+32
    printf("%c",ch);
    return 0;
}
```

案例 1-15　ASCII 码值转字符

【问题描述】输入一个在 0～255 之间的整数，输出 ASCII 码表中与该值相对应的字符。

【输入 1】97

【输出 1】a

【输入 2】90

【输出 2】Z

【问题解析】对于读入的整数，在输出时用"%c"格式可以输出 ASCII 码表中与该值相对应的字符。

【参考代码】

```c
#include<stdio.h>
int main(){
    int a;
    scanf("%d",&a);
    printf("%c",a);
    return 0;
}
```

案例 1-16　整数四则运算

【问题描述】输入两个整数，输出它们的和、差、乘积、商。要求：在输入时要有文字说明"请输入两个整数："。

【输入 1】

请输入两个整数：3 4

【输出 1】

3 + 4 = 7

3 - 4 = -1

3 x 4 = 12

3 / 4 = 0.75

【输入2】

请输入两个整数：11 5

【输出2】

11 + 5 = 16

11 - 5 = 6

11 x 5 = 55

11 / 5 = 2.20

【问题解析】两个整数相除，结果为整型的。

【参考代码】

```c
#include<stdio.h>
int main(){
    int a, b;
    printf("请输入两个整数：");
    scanf("%d %d",&a, &b);
    printf("%d + %d = %d\n",a,b,a+b);
    printf("%d - %d = %d\n",a,b,a-b);
    printf("%d x %d = %d\n",a,b,a*b);
    float c=a;
    printf("%d / %d = %.2f\n",a,b,c/b);
    return 0;
}
```

案例1-17 计算平均分

【问题描述】已知一名学生的数学成绩是 95 分，英语成绩是 90 分，计算机成绩是 93 分，求该学生三门课程的平均分（保留 2 位小数）。

【输出】

math = 95, english = 90, computer = 93, average = 92.67

【问题解析】三门课程的平均分应使用小数形式输出。

【参考代码】

```c
#include<stdio.h>
int main(){
    int a=95, b=90, c=93;
    float d = (a+b+c)/3.0 ;
    printf("math = %d, english = %d, computer = %d,
            average = %.2f",a,b,c,d);
    return 0;
}
```

案例1-18 计算摄氏温度

【问题描述】输入一个华氏温度值，输出摄氏温度值。公式为 $C=\dfrac{5}{9}(F-32)$，式中，C 表示摄氏温度，F 表示华氏温度。输出保留 2 位小数。要求：输入时有文字说明"请输入华氏温度："，输出时有文字说明"摄氏温度为："。

【输入1】请输入华氏温度：56

【输出1】摄氏温度为：13.33

【输入2】请输入华氏温度：84

【输出2】摄氏温度为：28.89

【参考代码】

```c
#include<stdio.h>
int main(){
    float c,f;
    printf("请输入华氏温度：");
    scanf("%f",&f);
    c=5.0/9.0*(f-32);    //注意与 5/9*(f-32)的区别
    printf("摄氏温度为：%.2f",c) ;
    return 0;
}
```

案例1-19 求绝对值

【问题描述】输入一个整数，输出该数的绝对值。

【输入1】-1

【输出1】1

【输入2】10

【输出2】10

【参考代码1】

```c
#include<stdio.h>
int main()
{
    int a,abs_a;
    scanf("%d",&a);
    abs_a = a>=0?a:-a;
    printf("%d",abs_a);
    return 0;
}
```

【参考代码 2】

```
//用 stdlib.h 库的函数 abs()
#include<stdio.h>
#include<stdlib.h>
int main()
{
    int a;
    scanf("%d",&a);
    a =abs(a);
    printf("%d",a);
    return 0;
}
```

案例 1-20 最大数

【问题描述】 从键盘输入三个整数，输出其中最大的数。

【输入 1】 3 4 5

【输出 1】 5

【输入 2】 4 3 6

【输出 2】 6

【参考代码】

```
#include<stdio.h>
int main(){
    int a,b,c, max;
    scanf("%d%d%d",&a,&b,&c);
    max = a>b?a:b;
    max = max>c?max:c;
    printf("%d",max);
    return 0;
}
```

案例 1-21 圆的几何计算

【问题描述】 设圆半径 r=1.5，求圆周长、圆面积，以及圆球表面积、圆球体积；设截面圆半径 r=1.5，圆柱体高 h=3，求圆柱体的体积。输出计算结果，保留 2 位小数，pi=3.1415926，数据宽度为 10。

【输出】

```
l=         9.42
s-         7.07
sq=       28.27
```

vq=   7.95

vz=   21.21

【参考代码】

```
#include<stdio.h>
#define PI 3.1415926    //定义符号常量
int main(){
    double r=1.5,h=3;
    double l,s,sq,vq,vz;
    l = 2*PI*r;
    s = r*r*PI;
    sq = 4*PI*r*r;
    vq = 3.0/4.0*PI*r*r*r;
    vz = PI*r*r*h;
    printf("l= %10.2lf\n",l);
    printf("s= %10.2lf\n",s);
    printf("sq= %10.2lf\n",sq);
    printf("vq= %10.2lf\n",vq);
    printf("vz= %10.2lf\n",vz);
    return 0;
}
```

案例 1-22 三位数的逆序

【问题描述】 每次读入一个正的三位数，将其按位逆序后输出。注意：当输入的数字结尾含有 0 时，输出的数字不应该包含前导的 0。例如，输入 700，将其按位逆序后应该输出 7。

【输入 1】 700

【输出 1】 7

【输入 2】 123

【输出 2】 321

【参考代码】

```
#include<stdio.h>
int main()
{
    int a,b,c,d,result;
    scanf("%d",&a);
    b = a/100;    //b 表示百位数字
    c = (a/10)%10;    //c 表示十位数字
    d = a%10;    //d 表示个位数字
    result = d*100+c*10+b*1;    //按位逆序
    printf("%d",result);
```

```
    return 0;
}
```

案例1-23　计算菜价

【问题描述】王阿姨在菜场卖蔬菜，请你设计一个程序，帮助王阿姨计算菜价。输入蔬菜的重量（单位：kg）以及蔬菜的单价（单位：元/斤），输出蔬菜的总价（单位：元）。要求：输入要分行，并且有中文提示"请输入重量(kg)："和"请输入单价(元/斤)："，输出保留2位小数。

【输入1】

请输入重量(kg)：5

请输入单价(元/斤)：3.2

【输出1】

总价 = 32.00 元

【输入2】

请输入重量(kg)：0.5

请输入单价(元/斤)：5

【输出2】

总价 = 5.00 元

【参考代码】

```c
#include<stdio.h>
int main()
{
    float weight,unit_price,price;
    printf("请输入重量(kg)：");
    scanf("%f",&weight);
    printf("请输入单价(元/斤)：") ;
    scanf("%f",&unit_price);
    price = weight*2*unit_price;
    printf("总价 = %.2f 元",price);
    return 0;
}
```

【参考解释】注意单位的换算，1斤=0.5kg。

案例1-24　长方体的几何计算

【问题描述】输入长方体的长、宽、高，输出长方体的底面周长、底面积、表面积和体积。

【输入1】

3 4 5

【输出1】

底面周长 = 14 底面积 = 12 表面积 = 94 体积 = 60

【输入2】

6 4 7

【输出2】

底面周长 = 20 底面积 = 24 表面积 = 188 体积 = 168

【参考代码】

```c
#include <stdio.h>
int main()
{
    int a,b,c,l,S_d,S,V;
    scanf("%d %d %d",&a,&b,&c);
    l = (a+b)*2;
    S_d = a*b;
    S = (a*b+a*c+b*c)*2;
    V = a*b*c;
    printf("底面周长 = %d 底面积 = %d
           表面积 = %d 体积 = %d",l,S_d,S,V);
    return 0;
}
```

案例1-25　位运算符

【问题描述】有 n=20，m=15，分别计算 n&m、n|m、n^m 和~n 的结果并输出。

【输出】 n&m = 4, n|m = 31, n^m = 27, ~n = -21

【参考代码】

```c
#include <stdio.h>
int main()
{
    int n=20, m=15, r1, r2, r3, r4;
    r1 = n&m;
    r2 = n|m;
    r3 = n^m;
    r4 = ~n;
    printf("n&m = %d, n|m = %d, n^m = %d,
           ~n= %d", r1, r2, r3, r4);
    return 0;
}
```

案例 1-26　取出整数中的数字

【问题描述】输入一个八进制整数，输出该数及从该数最后（最右边）一位开始 4~7 位的结果。

【输入 1】

12334541

【输出 1】

12334541

6

【输入 2】

12345

【输出 2】

12345

16

【参考代码】

```c
#include<stdio.h>
int main()
{
    unsigned a,b,c,d;
    scanf("%o",&a);
    b=a>>4;
    c=~(~0<<4);
    d=b&c;
    printf("%o\n%o\n",a,d);
    return 0;
}
```

【参考解释】

① 先将 a 各位上的数字右移 4 位。

② 定义一个低 4 位全为 1、其余全为 0 的数，可用~(~0<<4)表示。

③ 将前面得到的两个结果进行&运算。

案例 1-27　一元二次函数求导

【问题描述】输入一元二次函数 $y=Ax^2+Bx+C$ 中的 A、B 和 C，输出 y 的导数。

【输入 1】3 4 5

【输出 1】y' = 6x + 4

【输入 2】15 3 -1

【输出 2】y' = 30x + 3

【参考代码】

```c
#include<stdio.h>
int main()
{
    int a,b,c;
    scanf("%d %d %d",&a,&b,&c);
    printf("y' = %dx + %d",2*a,b);
    return 0;
}
```

案例 1-28　变量互换数值

【问题描述】定义两个整型变量，从键盘接收输入（分两行）后，交换两个变量的数值，并输出。

【输入 1】

3

4

【输出 1】

a=4, b=3

【输入 2】

-1

1

【输出 2】

a=1, b=-1

【参考代码 1】

```c
#include <stdio.h>
int main()
{
    int a,b,temp;
    scanf("%d",&a);
    scanf("%d",&b);
    temp = a;
    a = b;
    b = temp;
    printf("a=%d, b=%d\n",a,b);
    return 0;
}
```

【参考代码 2】

```c
#include <stdio.h>
int main()
{
```

```
    int a,b;
    scanf("%d",&a);
    scanf("%d",&b);
    a=a^b;
    b= a^b;
    a= a^b;
    printf("a=%d, b=%d\n",a,b);
    return 0;
}
```

案例 1-29　自增与自减

【问题描述】假设 a=1，b=2，c=3，d=4。计算 e=++a+b+++(--c)+(d--)，并输出计算完成后 a、b、c、d 和 e 的值。

【输出】a=2, b=3, c=2, d=3, e=10

【参考代码】

```
#include <stdio.h>
int main()
{
    int a=1,b=2,c=3,d=4,e;
    e=++a+b+++(--c)+(d--);
    printf("a=%d, b=%d, c=%d, d=%d, e=%d\n",
           a,b,c,d,e);
    return 0;
}
```

【参考解释】运算符++和--只能用于变量。变量在前时，先取值，再自增/自减；变量在后时，先自增/自减，再取值。

1.3 习　　题

一、选择题

1. 关于 C 程序第 1 行的包含语句，以下写法中正确的是_____。
   A）#include stdio.h
   B）#include 'stdio.h'
   C）#include (stdio.h)
   D）#include <stdio.h>

2. 以下_____不是 C 语言的关键字。
   A）while　　　　　　B）auto　　　　　　C）break　　　　　　D）printf

3. 以下_____是合法的用户标识符。
   A）3ab　　　　　　　B）_isw　　　　　　C）float　　　　　　D）b-bwhile

4. 以下选项中，三种类型都是 C 语言的基本类型的是_____。
   A）int, long, real
   B）integer, short, double
   C）int, float, char
   D）int, decimal, char

5. 以下选项中错误的整型常量是_____。
   A）123.　　　　　　B）-346　　　　　　C）0x5A　　　　　　D）0777

6. 以下选项中正确的 C 语言常量是_____。
   A）0xEfGh　　　　　B）'XYZ'　　　　　C）12.34e5　　　　　D）'\5A'

7. 要定义 n 为整型变量，x 为双精度实型变量，正确的语句是_____。
   A）int n, double x,　　B）int n, double x;　　C）int n; double x;　　D）int n; double x,

8. 把 x,y 定义成 float 型，并赋同一个初值 3.14，正确的是_____。
   A）float x,y=3.14;
   B）float x,y=2*3.14;
   C）float x=y=3.14;
   D）float x=3.14,y=x;

9. 下列关于 long、int、short 型数据占用内存大小的叙述中，正确的是_____。
   A）均占 4 字节
   B）根据数据的大小来决定所占内存的字节数
   C）由 C 语言编译系统决定
   D）由用户自己定义

10. 设有 int n＝10;，要求屏幕上显示"n=10"结果，正确的语句是_____。
    A）printf(n);
    B）printf("n=", n);
    C）printf("n=%d", n);
    D）printf("n=%d", &n);

11. 设有 int n;，从键盘上输入整数给变量 n，正确的语句是_____。
    A）scanf(n);
    B）scanf("n");
    C）scanf("%d", n);
    D）scanf("%d", &n);

12. 以下哪个语句输出字符'a'的 ASCII 码值_____。
    A）printf("%d",a);
    B）printf("%d",'a');
    C）printf("%c",'a');
    D）putchar(a);

13. 设有定义 int a; char c;，执行输入语句 scanf("%d%c",&a,&c);，要求 a 和 c 得到的值分别为 10 和'Y'，请选择正确的键盘输入方式_____。
    A）10,Y　　　　　　B）10Y　　　　　　C）10<空格>Y　　　　　　D）10<回车>Y

14. 设有 char ch;，则与语句 ch=getchar();等价的语句是_____。
    A）scanf("%c",ch);
    B）scanf("%c",&ch);

C）printf("%c",ch);　　　　　　　　　　　　D）printf("%c",&ch);

15. 语句 printf("%.1f,%d\n",10./4,10/8);的输出是_____。

    A）2.5,1.25　　　　　B）2.5,1　　　　　C）1,1.25　　　　　D）2,1.25

16. 下列语句段的运行结果是_____。

       int a=1234;float x=56.789;

       printf("%3d,%4.2f\n",a,x);

    A）1234,56.79　　　B）1234 56.79　　　C）1234,56.789　　　D）1234 56.789

17. 如果要在屏幕上输出字符串"a%b=a\b"，则以下_____语句能正确输出字符串。

    A）printf("a%b=a\b");　　　　　　　　　　B）printf("a%%b=a\\b");

    C）printf("%a%b=%a\%b");　　　　　　　　D）printf("%a%%b=%a\\%b");

18. 下列_____不是 C 语言的算术运算符。

    A）+　　　　　　　　B）%　　　　　　　C）=　　　　　　　D）-

19. 若变量已正确定义并赋值，以下表达式_____不符合 C 语言语法。

    A）a*b/c　　　　　　B）3.14%2　　　　　C）2,b　　　　　　D）a/b/c

20. C 语言中的运算对象必须为整型的运算符是_____。

    A）/　　　　　　　　B）=　　　　　　　C）>=　　　　　　D）%

21. 当 x=2.5，a=7，y=5.2 时，算术表达式 x+a%3*(int)(x+y)%2 的值为_____。

    A）2.0　　　　　　　B）2.5　　　　　　C）3.0　　　　　　D）3.5

22. 执行以下程序段后，c3 的值是_____。

       int c1=1,c2=2,c3;

       c3=c1/c2;

    A）0　　　　　　　　B）2　　　　　　　C）0.5　　　　　　D）1

23. 设 int n,m;，使 m 为 n 的十进制百位数的语句是_____。

    A）m = n/100;　　　B）m = n%100;　　C）m = n/100%10;　　D）m = n%10/100;

24. 设有定义 char c;，且 c 表示一个小写英文字母，将小写英文字母转换为对应大写英文字母的表达式是_____。

    A）c - a + A　　　　B）c - A + a　　　C）c - 'a' + 'A'　　D）c - 'A' + 'a'

25. 设有 int a=15;，则执行语句 a/=a+a;后，a 的值是_____。

    A）0　　　　　　　　B）1　　　　　　　C）0.5　　　　　　D）16

26. 下列_____不是 C 语言的关系运算符。

    A）>=　　　　　　　B）<=　　　　　　C）=　　　　　　　D）!=

27. 下列_____不是 C 语言的逻辑运算符。

    A）!　　　　　　　　B）&&　　　　　　C）&　　　　　　　D）||

28. 设有变量定义 int i,j;，则与表达式 i==0 && j==0 等价的表达式是_____。

    A）i||j　　　　　　　B）!i&&!j　　　　　C）!i=!j　　　　　D）i==j

29. 设 int n;，判断"n 为 0"的表达式是_____。

    A）n=0　　　　　　　B）n!=0　　　　　C）!(n=0)　　　　D）n==0

30. 设有定义 int a;，判断 a 是一个偶数的表达式是_____。

    A）a==2*n　　　　　B）a/2==0　　　　C）a%2=0　　　　　D）a%2==0

31. 以下关于 C 语言逻辑真假的描述中，正确的是_____。

    A）逻辑真用 true 表示，逻辑假用 false 表示

B）逻辑真用 yes 表示，逻辑假用 no 表示

C）逻辑真用 1 表示，逻辑假用 0 表示

D）表达式(1+2)的逻辑值既不是真，也不是假

32．能正确表示逻辑关系 "$a \geq 10$ 或 $a \leq 0$" 的 C 语言表达式是_____。

A）a>=10 | a<=0　　B）a>=10 && a<=0　　C）a>=10 || a<=0　　D）a>=10 or a<=0

33．下列运算符中运算优先级最高的是_____。

A）*　　　　　　　B）!　　　　　　　C）&&　　　　　　　D）>=

34．设 a=3，b=4，c=5，执行逻辑表达式!(x=a)&&(y=b)&&0后，变量 x 和 y 的值为_____。

A）3、4　　　　　　　　　　　　　B）x 和 y 中的值不确定

C）3、不确定　　　　　　　　　　D）不确定、4

35．设有定义 int a=5,b;，赋值使 b 为 9 的语句是_____。

A）b = ++a+4;　　　　　　　　　　B）b = (a++)+3;

C）b = 8+!(a==5);　　　　　　　　D）b = (a++==6)?8:9;

36．执行以下语句的结果为_____。

    y=10;

    x=y++;

A）x=10,y=10　　B）x=11,y=11　　C）x=10,y=11　　D）x=11,y=10

37．设有 char ch;，则判断 "ch 为数字字符" 的表达式是_____。

A）ch>='0' && ch<='9'　　　　　　B）ch>0 && ch<9

C）ch>='0' || ch<='9'　　　　　　D）ch>=0 || ch<=9

38．设有 int n;，则判断 "n 是否为 2 位正整数" 的表达式是_____。

A）10<=n<=99　　　　　　　　　　B）10<=n || n<=99

C）10<=n, n<=99　　　　　　　　　D）10<=n && n<=99

39．若变量已正确定义并赋值，符合 C 语言语法的表达式是_____。

A）a=a+7;　　B）a=7+b+c,a++　　C）int(12.3%4)　　D）a=a+7=c+b

40．设变量 x，y，a，b，c，d 的值均为 1，计算表达式(x=a!=b)&&(y=c!=d)后，变量 x，y 的值分别是_____。

A）0，0　　　　　B）0，1　　　　　C）1，0　　　　　D）1，1

41．与表达式!a ? 10 : 20 等价的表达式是_____。

A）a==0 ? 10 : 20　　B）a!=0 ? 10 : 20　　C）a!=1 ? 10 : 20　　D）a ? 10 : 20

42．设有定义 char c1=92, c2=92;，则以下表达式中值为零的是_____。

A）c1^c2　　B）c1&c2　　C）~c2　　D）c1|c2

43．表达式 10&12 和 10^12 的计算结果分别是_____。

A）8 和 14　　B）8 和 6　　C）14 和 8　　D）6 和 8

44．在位运算中，操作数每右移一位，其结果相当于_____。

A）操作数乘以 2　　B）操作数乘以 4　　C）操作数除以 2　　D）操作数除以 4

45．在位运算中，操作数每左移一位，其结果相当于_____。

A）操作数乘以 2　　B）操作数除以 2　　C）操作数乘以 4　　D）操作数除以 4

46．设整数 n 的值为十进制数-8，以 16 位二进制数存储该数时，其编码是_____。

A）0000 0000 0000 1000　　　　　　B）1000 0000 0000 1000

C）1111 1111 1111 0111　　　　　　D）1111 1111 1111 1000

47. 设 int n=-1;，则 n 在内存中的 16 位编码是_____。

    A）1111 1111 1111 1111　　　　　　　　B）1000 0000 0000 0001

    C）1111 1111 1111 1110　　　　　　　　D）0000 0000 0000 0000

48. "abc\\12\n" 字符串的长度为_____。

    A）5　　　　　　　　B）6　　　　　　　　C）7　　　　　　　　D）8

49. 在 C 语言中，char 类型数据在内存中的存储形式是_____。

    A）原码　　　　　　B）反码　　　　　　C）补码　　　　　　D）ASCII 码

50. 设有定义 float x=3.567,y;，则赋值使 y 为 3.6 的语句是_____。

    A）y = (int)(10*x+0.5)/10.0;　　　　　　B）y = (int)(10*x)/10.0;

    C）y = (int)(10*x)/10.0 + 0.5;　　　　　D）y = (%3.1f) x;

二、填空题

1. 设 float x,y;，使 y 为 x 的小数部分的表达式是_____。

2. 要表示数学关系 $x \leq y \leq z$，正确的 C 语言表达式是_____。

3. 设 int i,a;，则执行语句 i=(a=2*3,a*5),a+6;后，变量 i 的值是_____。

4. 设 int a=b=c=0;，则执行语句 x=(a=50)&&(b=0)&&(c=100);后，变量 c 的值是_____。

5. 已知字母 A 的 ASCII 码值为十进制数 65，以下程序的输出结果是_____。

```
#include <stdio.h>
int main(void)
{
    char c1,c2;
    c1='A'+'5'-'3';
    c2='A'+'6'-'3';
    printf("%d,%c",c1,c2);
    return 0;
}
```

习题参考答案

一、选择题

1. D	2. D	3. B	4. C	5. A	6. C	7. C	8. D	9. C	10. C
11. D	12. B	13. B	14. B	15. B	16. A	17. B	18. C	19. B	20. D
21. D	22. A	23. C	24. C	25. A	26. C	27. C	28. B	29. D	30. D
31. C	32. C	33. B	34. C	35. D	36. C	37. A	38. D	39. D	40. B
41. A	42. A	43. B	44. C	45. A	46. D	47. A	48. C	49. D	50. A

二、填空题

1. y=x-(int)x　　　　　　2. (y>=x)&&(y<=z)　　　　　　3. 30

4. 0　　　　　　5. 67,D

第 2 章　程序控制结构

2.1　知　识　点

C 语言的程序控制结构主要包括顺序结构、选择结构和循环结构三种。通过组合三种程序控制结构，可以解决各种复杂的实际问题，使得 C 语言具有强大的编程能力。

2.1.1　顺序结构

C 语言中的顺序结构主要由说明语句、表达式语句、空语句及复合语句等组成，顺序结构的程序自上而下依次执行。例如：

```
int a,b;
a=5;
b=2*a+3;
```

2.1.2　选择结构

选择结构所要实现的是，根据"条件"的成立与否来决定执行的程序分支，其中"条件"可以用表达式来描述，常用的是关系表达式或逻辑表达式。设计选择结构的程序，需要考虑两个方面的问题：一是在 C 语言中如何表示条件，二是在 C 语言中用什么语句实现选择结构。

1. if-else 语句

```
if(表达式)
    语句 1
else
    语句 2
```

① if 与 else 后面各有一个分支，每个分支分别有一个语句。如果要在某个分支中执行多个语句，必须用花括号{}将这些语句括起来，构成一个复合语句。

② 标准 if 语句有两个分支，但根据要实现的逻辑，else 分支可以没有，变成一个单分支 if 语句。

③ 实现多分支结构可以采用 if 语句的嵌套，例如，if 语句的某一个分支包含另一个 if 语句。当程序中有众多 if 和 else 时，else 总是跟它上面最近的 if（未曾和其他 else 配对过）配对，并且 else 必须和 if 配对使用。为了强制 if 与 else 之间的配对关系，可以使用复合语句，这样也可增加程序的可读性。

④ 对于逻辑相对复杂的多分支结构建议采用 else if 语句。

2. else if 语句

```
if(条件 1)    语句 1
else if(条件 2)    语句 2
    …
else if(条件 n)    语句 n
else    语句 n+1
```

（1）用 else if 语句实现复杂多分支逻辑更清晰，程序可读性更高。

（2）如果要在某个分支中执行多个语句，必须用花括号{}将这些语句括起来，构成一个复合语句。

（3）else if 语句从上到下逐个考察括号内的条件：当满足其中某个条件时，执行相应的语句并跳出 else if 语句；如果一个条件也不满足，则执行语句 $n+1$；如果没有语句 $n+1$，那么最后一个 else 可以省略，此时该 if 语句在 n 个条件都不满足时，将不执行任何操作。

值得注意的是，在 C 语言中，非 0 代表条件为真，0 代表条件为假。初学者容易犯的错误是，在关系表达式中将关系"等于"错写成赋值运算符，例如，判断变量 x 是否等于 5，错写成 x=5。这样变量 x 被赋值为 5，为非 0，整个表达式的值为真。

3. switch 语句

switch 结构根据括号内表达式值的不同，使得程序转入不同的模块执行。

```
switch(表达式)
{
    case    常量表达式 1：语句 1
    case    常量表达式 2：语句 2
    ……
    case    常量表达式 n：语句 n
    default：语句 n+1
}
```

① 当表达式的值与某个 case 后面的常量表达式的值相同时，程序就执行这个 case 后面的语句，当这个分支执行后，后面的分支也会被执行。这一结果肯定不是我们所希望的，可以用 break 语句结尾，使得程序在执行匹配的 case 语句后直接跳出 switch 结构。

② switch 结构针对某个具体表达式的值展开讨论，要求尽可能列出所有可能出现的结果并分别进行处理。因此，如果对具体问题可以划分出具体的条件区间，则建议写成条件表达式，采用 else if 语句实现。

2.1.3 循环结构

循环结构解决的问题是：在某些条件下，要求程序重复执行某些语句或某个模块。循环的实现一般包括 4 部分：初始化，条件控制，重复的操作语句，以及通过改变循环控制变量最终改变条件的真或假，使循环能正常结束。要构成一个有效的循环，应当指定两项内容：需要重复执行的操作和循环结束条件。

注意：

① while 和 do-while 语句是不同的。如果循环体中有多于一个语句，应当把循环体中的多个语句用花括号{}括起来，形成复合语句，否则系统认为循环体中只有一个简单的语句。

② 合理使用 break 语句处理多循环条件。break 语句结束整个循环过程，不再判断执行循环的条件是否成立。continue 语句只结束本次循环，而不是终止整个循环的执行。

③ 循环可以嵌套。在一个循环体中可以包含另外一个完整的循环结构。三种循环结构可以相互嵌套，即任意一种循环结构均可以成为循环体中的一部分。

C 语言中，主要有以下三种循环结构。

1. while 语句

> while(表达式)
>   循环体;

注意：

① 初学者容易犯的一个错误是使用"while(表达式);"这种形式，但这相当于循环体是一个空语句，可能无法实现原本设想的逻辑。因此要注意空语句的使用。

② while 语句执行时，首先求解表达式的值，若为真（非 0）则执行循环体，然后再求解表达式的值，若为真则继续执行循环体，否则结束循环。若表达式的值为假，则 while 语句中的循环体一次都不执行。

2. do-while 语句

> do{
>   循环体;
> }while(表达式);

注意：do-while 语句与 while 语句的区别是，先执行循环体，再求解表达式的值，判断循环条件是否成立，因此，do-while 语句一定会无条件地先执行一次循环体。

3. for 语句

> for (表达式 1;表达式 2;表达式 3)
>   循环体;

注意："for (表达式 1;表达式 2;表达式 3);"这种形式相当于循环体是一个空语句。

4. break 语句

以上三种循环结构的共同点都是根据表达式的值来决定是否进入下一次循环，若表达式的值为假（0），则结束循环。可以在循环体内通过 break 语句随时跳出循环结构，结束循环。break 语句通常出现在某个 if 语句的分支里，以实现有条件地结束循环。

5. continue 语句

（1）continue 语句只结束本次循环，而不是终止整个循环的执行。

（2）continue 语句只能用于循环体内，通常出现在某个 if 语句的分支里。

2.1.4　循环嵌套

在一个循环体内又包含另一个或多个完整的循环结构，称为嵌套循环。例如，for 语句的二层嵌套循环语法如下：

> for(i=0;i<n;i++)
>   for(j=0;j<m;j++)
>   循环体;

在这个程序段中，外循环一共循环 n 次，内循环则循环 m 次。内循环依赖于外循环。

2.2 案例实践

案例 2-1 数的正负和奇偶性

【问题描述】输入一个非 0 整数，判断其正负和奇偶性。

【输入 1】请输入一个整数：1

【输出 1】正奇数

【输入 2】请输入一个整数：-4

【输出 2】负偶数

【参考代码】

```c
#include <stdio.h>
int main()
{
    int i;
    printf("请输入一个整数：\n");
    scanf("%d",&i);
    if(i>0)
        printf("正");
    else    //非 0 整数不大于 0 一定小于 0
        printf("负");
    if(i%2==0)
        printf("偶数");
    else
        printf("奇数");
    return 0;
}
```

案例 2-2 整数各位上的数字

【问题描述】输入一个正三位数，输出其个位、十位和百位上的数字。

【输入 1】152

【输出 1】152=2+5*10+1*100

【输入 2】356

【输出 2】356=6+5*10+3*100

【参考代码】

```c
#include<stdio.h>
int main(){
    int num ,a,b,c;
    scanf("%d",&num);
    a=num /100;        //a 表示百位上的数字
```

```c
    b=(num/10)%10;//b 表示十位上的数字
    c=num % 10;      //c 表示个位上的数字
    if(b!=0&&c!=0)
        printf("%d=%d+%d*10+%d*100",num,c,b,a);
    else if (b!=0&&c==0)
        printf("%d=%d*10+%d*100",num,b,a);
    else if (b==0&&c!=0)
        printf("%d=%d+%d*100",num,c,a);
    else
        printf("%d=%d*100",num,a);
    return 0;
}
```

案例 2-3 成绩等级

【问题描述】输入一个百分制成绩，输出用 A, B, C, D, E 表示的成绩等级。设：90 分及以上为 A，80~89 分为 B，70~79 分为 C，60~69 分为 D，60 分以下为 E。

【输入 1】输入分数：90

【输出 1】A

【输入 2】输入分数：101

【输出 2】输入错误!

【参考代码】

```c
#include <stdio.h>
int main()
{
    int score,temp;
    char grade;
    printf("输入分数：");
    scanf("%d",&score);
    if((score>100)||(score<0))
    {
        printf("输入错误!\n");
    }
    else
    {
        temp=score/10;
        switch(temp)
        {
```

```
        case 10:
        case 9: grade='A';break;
        case 8: grade='B';break;
        case 7: grade='C';break;
        case 6: grade='D';break;
        case 5:
        case 4:
        case 3:
        case 2:
        case 1:
        case 0:grade ='E';
        }
        printf("%c",grade);
    }
    return 0;
}
```

案例 2-4 闰年

【问题描述】从键盘读入一个年份，判断该年
份是不是闰年，以及是何种闰年（普通闰年：
若该年份能被 4 整除但不能被 100 整除，则
为普通闰年。世纪闰年：若年份能被 400 整
除，则为世纪闰年）。

【输入 1】请输入年份：2004
【输出 1】2004 年是普通闰年
【输入 2】请输入年份：1999
【输出 2】1999 年不是闰年
【输入 3】请输入年份：2000
【输出 3】2000 年是世纪闰年
【参考代码】

```
#include <stdio.h>
int main()
{
    int year;
    printf("请输入年份: \n");
    scanf("%d",&year);
    if(year%4==0 && year%100!=0)
        printf("%d 年是普通闰年.",year);
    else if(year%400==0)
        printf("%d 年是世纪闰年.",year);
    else
```

```
        printf("%d 年不是闰年.",year);
    return 0;
}
```

案例 2-5 一年中的第几天

【问题描述】输入一个具体日期，判断该日期
是这一年中的第几天。
【输入】
请输入日期：2015,12,10
【输出】是这一年的第 344 天
【参考代码】

```
#include <stdio.h>
int main()
{
    int day,month,year,sum,leap;
    printf("请输入日期：");
    //格式为 2015,12,10（半角逗号）
    scanf("%d,%d,%d",&year,&month,&day);
    switch(month)//先计算某月之前月份的总天数
    {
        case 1:sum=0;break;
        case 2:sum=31;break;
        case 3:sum=59;break;
        case 4:sum=90;break;
        case 5:sum=120;break;
        case 6:sum=151;break;
        case 7:sum=181;break;
        case 8:sum=212;break;
        case 9:sum=243;break;
        case 10:sum=273;break;
        case 11:sum=304;break;
        case 12:sum=334;break;
        default:printf("data error");break;
    }
    sum=sum+day;   //再加上某天的天数
    //判断是不是闰年
    if(year%400==0||(year%4==0&&year%100!=0))
    {
        leap=1;
    } else {
        leap=0;
```

```
}
//*如果是闰年且月份大于2,则总天数应该加1
if(leap==1&&month>2) {
    sum++;
}
printf("是这一年的第%d 天",sum);
printf("\n");
}
```

案例 2-6 小时时间制

【问题描述】输入 24 小时制的时间，转换为
12 小时制的时间后输出。

【输入 1】12:45

【输出 1】12:45 PM

【输入 2】13:45

【输出 2】01:45 PM

【参考代码】

```
#include<stdio.h>
int main()
{
    int h,m;
    scanf("%d:%d",&h,&m);
    if(h>12)
        printf("%02d:%d PM",h-12,m);
    else if(h==12)
        printf("%02d:%02d PM",h,m);
    else
        printf("%02d:%02d AM",h,m);
    return 0;
}
```

案例 2-7 判断三角形

【问题描述】从键盘输入三个边长并判断能否
构成三角形，若能构成三角形，则判断是哪
一种类型（等腰三角形、等边三角形、直角
三角形、任意三角形；若为等边三角形，应
输出等边三角形而不是等腰三角形）。

【输入 1】2,3,10

【输出 1】不能构成三角形

【输入 2】4,4,5

【输出 2】等腰三角形

【输入 3】3,4,5

【输出 3】直角三角形

【参考代码】

```
#include <stdio.h>
int main()
{
    int a,b,c;
    scanf("%d,%d,%d", &a, &b, &c);
    if(!(a+b>c&&a+c>b&&b+c>a))
        printf("不能构成三角形\n");
    else if(a==b && a==c)
        printf("等边三角形\n");
    //等腰判断要在等边判断之后
    else if(a==b || a==c || b==c)
        printf("等腰三角形\n");
    else if(a*a + b*b == c*c || a*a + c*c == b*b ||
            b*b + c*c == a*a)
        printf("直角三角形\n");
    else
        printf("普通三角形\n");
    return 0;
}
```

【思考】如果输入 3.3, 4.4, 5.5 呢?

案例 2-8 最大值

【问题描述】从键盘输入正整数 n，接下来 n
行输入 n 个整数,输出这 n 个整数中的最大值。

【输入】

将要输入的整数个数：3

27

36

25

【输出】

最大值为 36

【参考代码】

```
#include <stdio.h>
int main()
{
    int n,max,i,num;
    printf("将要输入的整数个数:\n");
    scanf("%d",&n);
```

```
    scanf("%d",&max);    //预先将第一个作为最大值
    for(i=0;i<n-1;i++)
    {
        scanf("%d",&num);
        if(num>=max)
            max= num;
    }
    printf("最大值为%d",max);
    return 0;
}
```

案例 2-9　幂函数

【问题描述】不使用库函数求整数 m 的 n 次方。要求：输入的第一个数为 m，第二个数为 n，其中 n 为正整数。

【输入】3 3

【输出】27

【参考代码】

```
#include<stdio.h>
int main()
{
    int m,n,i;
    long long sum=1;
    scanf("%d%d",&m,&n);
    for(i=1;i<=n;i++)
        sum*=m;
    printf("%lld",sum);
    return 0;
}
```

案例 2-10　n 项阶乘

【问题描述】计算 $1!+2!+3!+\cdots+n!$ 的结果，其中 n 从键盘输入。

【输入】3

【输出】9

【参考代码】

```
#include <stdio.h>
int main()
{
    int i,j,n;
    long long m,s=0;
```

```
    printf("Enter n: ");
    scanf("%d",&n);
    for(i=1;i<=n;i++)
    {
        m=1;
        for(j=1;j<=i;j++)//求 i!的值
            m=m*j;
        s= s+m;
    }
    printf("%lld",s);
return 0;
}
```

案例 2-11　n 项递增求和

【问题描述】输入正整数 n，求 $s=1+(1+2)+(1+2+3)+(1+2+3+\cdots+n)$。

【输入】3

【输出】10

【参考代码】

```
#include <stdio.h>
int main()
{
    int i,j,n;
    double m,s=0;
    printf("Enter n: ");
    scanf("%d",&n);
    for(i=1;i<=n;i++)
    {
        m=0;
        for(j=1;j<=i;j++)//求 1+2+···+i 的值
            m+=j;
        s+=m;
    }
    printf("%.0lf",s);
return 0;
}
```

案例 2-12　前 100 项求和变体

【问题描述】求 $1-1/2+1/3-1/4+\cdots+1/99-1/100$ 的值（精确到小数点后面 7 位）。

【输出】0.6881722

【参考代码】
```c
#include <stdio.h>
int main()
{
    int i,sign=1;
    double sum=0;
    for(i=1;i<=100;i++)
    {
        sum+=sign*(1.0/i);
        sign*=-1;    //控制下一项的正负号
    }
    printf("%.7lf",sum);
return 0;
}
```

案例 2-13   完全数

【问题描述】如果一个数恰好等于它的所有约数（除了它本身）之和，这个数就称为完全数（也称完美数、完数）。输出 1000 以内的所有完全数。

【输出】6   28   496

【参考代码】
```c
#include <stdio.h>
int main()
{
    int x,temp,sum;
    for(x=1;x<1000;x++) {
        sum= 0;
        for(temp=1;temp<x;temp++) {
            if(x%temp==0)
                sum= sum+temp;
        }
        if(sum==x)
            printf("%d    ",x);
    }
    printf("\n");
    return 0;
}
```

案例 2-14   特殊数

【问题描述】求出 200～300 范围内所有满足以下条件的数：其各位（百位、十位、个位）上的数之积为 42，各位上的数之和为 12。

【输出】
237
273

【参考代码】
```c
#include <stdio.h>
int main()
{
    int a,b,c,i;
    for(i=200;i<=300;i++)
    {
        a=i/100;        //百位
        b=(i%100)/10;  //十位
        c=i%10;         //个位
        if(a*b*c==42 && (a+b+c)==12)
        printf("%d\n",i);
    }
    return 0;
}
```

案例 2-15   牛顿迭代法

【问题描述】用牛顿迭代法求方程 $2x^3-4x^2+3x-6=0$ 在实数 N 附近的根。要求：从键盘输入 N。

【输入】1.5

【输出】2.3333333

【参考代码】
```c
#include<stdio.h>
#include<math.h>
int main()
{
    float x1,x,f1,f2;
    scanf("%f",&x1);
    do
    {
        x=x1;
        f1=x*(2*x*x-4*x+3)-6;
        f2=6*x*x-8*x+3;   //对函数 f1 求导
        x1=x-f1/f2;
    }while(fabs(x1-x)<=1e-5);
```

```
        printf("%8.7f\n",x1);
        return 0;
}
```

案例 2-16　二分法

【问题描述】用二分法求方程 $x^3+4x^2-10=0$ 的解。选择[1.0,4.0]为初始区间。

【输出】The root is:1.365230

【问题解析】设 $f(x)=x^3+4x^2-10$。若 $f(x_1)$ 与 $f(x_2)$ 的符号相反（本题中初始时，$x_1=1.0$，$x_2=4.0$），则方程 $f(x)=0$ 在$[x_1,x_2]$区间内肯定有根；若 $f(x)$ 在$[x_1,x_2]$区间内单调，则至少有一个实根；重新设一个变量 x，取 $x=(x_1+x_2)/2$，并在 x_1 和 x_2 中舍去与 $f(x)$ 同号者，那么解就在由 x 和另外那个没有舍去的值组成的区间内；如此反复取舍，直到 x_n 与 x_{n-1} 非常接近时，x 便是方程 $f(x)$ 的近似根。

【参考代码】
```c
#include <stdio.h>
#include <math.h>
int main()
{
    double x1=1.0, x2=4.0, x=0.0, f, f1;
    f1=x1*x1*x1+4*x1*x1-10;
    while(fabs(x2-x1)>1e-6)
    {
        x=(x1+x2)/2;
        f=x*x*x+4*x*x-10;
        if (f1*f<0)
            x2=x;
        else
            x1=x;
    }
    printf("The root is: %lf\n",x);
    return 0;
}
```

案例 2-17　九九乘法表

【问题描述】按下述形式输出九九乘法表。

1*1=1

1*2=2 2*2=2

1*3=3 2*3=6 3*3=9

1*4=4 2*4=8 3*4=12 4*4=16

1*5=5 2*5=10 3*5=15 4*5=20 …

1*6=6 2*6=12 3*6=18 4*6=24 …

1*7=7 2*7=14 3*7=21 4*7=28 …

1*8=8 2*8=16 3*8=24 4*8=32 …

1*9=9 2*9=18 3*9=27 4*9=36 … 9*9=81

【参考代码】
```c
#include <stdio.h>
int main()
{
    int i, j;
    for (i=1; i<=9; i++)
    {
        for (j=1; j<=i; j++)
            printf("%d*%d=%-4d", i, j, i*j);
        printf("\n");
    }
    return 0;
}
```

案例 2-18　乘法表的上三角形式

【问题描述】从键盘读入一个数 n（$n \leqslant 9$），以上三角形式输出 0~n 的乘法表。

【输入 1】5

【输出 1】

【输入 2】9

【输出 2】

【参考代码】
```c
#include <stdio.h>
int main(){
```

```
int i,j,n;
scanf("%d",&n);
printf("%4c",' ');
for(i=1;i<=n;i++){
    printf("%4d",i);
}
printf("\n");
for(i=1;i<=n;i++){
    printf("%4d",i);
    for(j=1;j<=i-1;j++)
        printf("%4c",' ');    //处理空格
    for(j=i;j<=n;j++)
        printf("%4d",i*j);    //计算 i*j 的值
    printf("\n");    //回车换行
}
return 0;
}
```

案例 2-19 水仙花数

【问题描述】输入两个正整数 m 和 n（$m \geq 100$，$n \leq 1000$，$n > m$），输出 $m \sim n$ 之间的所有水仙花数。水仙花数是指各位上的数字的立方和等于其自身的数。

【输入 1】

输入两个正整数：100 1000

【输出 1】

153

370

371

407

【输入 2】

输入两个正整数：100 200

【输出 2】

153

【参考代码】

```
#include <stdio.h>
int main()
{
    int i,t,s,m,n,digit,sign;
    sign=0;
    printf("输入两个正整数：");
```

```
    scanf("%d%d",&m,&n);
    for (i=m;i<=n;i++)
    {
        t=i;
        s=0;
        while(t!=0)
        {
            digit=t%10;
            s=s+digit*digit*digit;
            t=t/10;
        }
        if (s==i)
        {
            printf("%d\n",i);
            sign=1;
        }
    }
    if(sign==0)
        printf("没有水仙花数");
    return 0;
}
```

案例 2-20 自守数

【问题描述】任意输入一个自然数，判断该数是否为自守数。自守数就是其平方后的尾数等于该数自身的自然数。例如：$5 \times 5 = 25$，$25 \times 25 = 625$，$76 \times 76 = 5776$。

【输入 1】输入一个整数：25

【输出 1】Yes

【输入 2】输入一个整数：23

【输出 2】No

【参考代码】

```
#include <stdio.h>
int main()
{
    int i,n;
    printf("输入一个整数：");
    scanf("%d",&n);
    i=1;
    while(i<=n) i*=10;
    //比较 n*n 的尾数是否与 n 相等
```

```
        if(n*n%i==n)
            printf("Yes\n");
        else
            printf("No\n");
        return 0;
}
```

案例 2-21 整数各位上的数字

【问题描述】输入一个整数,将其各位上的数字拆分后再依次输出(各数字之间加一个空格)。

【输入 1】123456

【输出 1】1 2 3 4 5 6

【输入 2】657492

【输出 2】6 5 7 4 9 2

【参考代码】

```
#include <stdio.h>
int main()
{
    int i=1,tmp,n;
    scanf("%d",&n);
    while(i<=n) i*=10;
    i=i/10;
    while(n){
        tmp=n/i;
        printf("%2d",tmp);
        n=n%i;
        i=i/10;
    }
    return 0;
}
```

案例 2-22 回文数

【问题描述】输入一个正整数,判断该数是否为回文数。所谓回文数,就是从左到右读这个数与从右到左读这个数是一样的。例如,12321、4004 都是回文数。

【输入 1】输入一个正整数:12321

【输出 1】Yes

【输入 2】输入一个正整数:32124

【输出 2】No

【参考代码】

```
#include <stdio.h>
int main()
{
    int n,m=0,s,r;
    printf("输入一个正整数: ");
    scanf("%d", &n);
    s=n;
    while(s!=0)//将 n 逆置
    {
        r=s%10;
        m=10*m+r;
        s=s/10;
    }
    if(m==n)
        printf("Yes\n");
    else
        printf("No\n");
    return 0;
}
```

案例 2-23 最大公约数与最小公倍数

【问题描述】求两个正整数的最大公约数和最小公倍数。

【输入 1】输入两个正整数:40 16

【输出 1】最大公约数为 8,最小公倍数为 80

【输入 2】输入两个正整数:32 8

【输出 2】最大公约数为 8,最小公倍数为 32

【问题解析】使用辗转相除法。

【参考代码】

```
#include <stdio.h>
int main()
{
    int a,b,r,sa,sb;
    printf("输入两个正整数: \n");
    scanf("%d%d",&a,&b);
    sa=a;sb=b;
    if(a<b)//确保 a 不小于 b
    {
        r =a;
        a=b;
```

```
        b=r;
    }
    r=a%b;
    while(r!=0)//辗转相除法
    {
        a=b;
        b=r;
        r=a%b;
    }
    printf("最大公约数为%d，最小公倍数为%d\n",b,
        sa*sb/b);
    return 0;
}
```

案例 2-24　小数求和

【问题描述】小数求和，要求用分子/分母形
式给出 N（N≤100）个小数。要求：输入第 1
行给出正整数 N；第 2 行按格式 a1/b1 a2/b2…
给出 N 个小数，中间以一个空格分隔。分子
和分母都在长整型范围内，负数的符号必须
放在分子前面。输出仍然为分子/分母形式，
且它们没有公因子。如果计算结果的整数部
分为 0，则只输出分数部分。注意：除数不
能为 0。若除数为 0，则输出"ERROR!除数
不能为 0!"。

【输入 1】

5

2/5 4/15 1/30 -2/60 8/3

【输出 1】

3 1/3

【输入 2】

2

4/3 2/3

【输出 2】

2

【输入 3】

3

1/3 -1/6 1/8

【输出 3】

7/24

【参考代码】

```
#include <stdio.h>
int main()
{
    long long a,b,a1,b1,tmp;
    long long c,d;
    int i,n;
    scanf("%d",&n);
    if(n<100) {
        //先计算分子和分母
        scanf("%lld/%lld",&a,&b);
        if(b == 0){
            printf("ERROR!除数不能为0!");
            return 0;
        }
        for(i=1;i<=n-1;i++){
            scanf("%lld/%lld",&c,&d);
            if(d == 0){
                printf("ERROR!除数不能为0!");
                return 0;
            }
            a=a*d+b*c;
            b=b*d;
        }
        //最大公约数
        a1=a;
        b1=b;
        while(b1){
            tmp=a1%b1;
            a1=b1;
            b1=tmp;
        }
        a=a/a1;
        b=b/a1;
        //输出判断
        if(a%b==0){
            printf("%lld",a/b);
        }else if (a/b==0){
            printf("%lld/%lld",a,b);
        }else{
            printf("%lld %lld/%lld",a/b,a%b,b);
```

```
        }
    }else{
        printf("0");
    }
    return 0;
}
```

案例 2-25　素数

【问题描述】求 200～300 范围内的素数，输出时，每 5 个素数一行。素数（也称质数）是只能被 1 和本身所整除的正整数（1 除外）。

【输出】

```
211 223 227 229 233
239 241 251 257 263
269 271 277 281 283
293
```

【参考代码】

```
#include<stdio.h>
#include<math.h>
int main()
{
    int i,j,k,n=0;
    for(i=200;i<=300;i++)
    {
        k=(int)sqrt(i);
        for(j=2;j<=k;j++)
            if(i%j==0) break;
        if(j>k)
        {
            printf("%d ",i);
            n++;
            if(n%5==0)
                printf("\n");
        }
    }
    return 0;
}
```

案例 2-26　哥德巴赫猜想

【问题描述】数学领域著名的哥德巴赫猜想的大致意思是：任何一个大于 2 的偶数总能表示为两个素数之和。例如，24=5+19，其中 5 和 19 都是素数。试验证：20 亿以内的偶数都可以分解成两个素数之和。要求：输入为一个(2, 2 000 000 000]范围内的偶数 N。输出用 $N=p+q$ 格式，其中 $p \leqslant q$ 均为素数。又因为这样的分解不唯一（例如，24 还可以分解为 24=7+17），所以要求输出所有分解中 p 最小。

【输入】24

【输出】24=5+19

【参考代码】

```
#include<stdio.h>
#include<math.h>
int main()
{
    long long a=0,i,j=0,d;
    scanf("%lld",&a);
    //从最小的偶数 2 开始
    // i+d=a 且 i 和 d 都为素数
    for(i=2;i<a/2;i++)
    {
        d=a-i;
        //判断 i 是否为素数
        for(j=2;j<=sqrt((double)i);j++)
            if(i%j==0)
                break;
        if(j<=sqrt((double)i))
            continue;
        else
            //判断 d 是否为素数
            for(j=2;j<=sqrt((double)d);j++)
                if(d%j==0)
                    break;
        if(j<=sqrt((double)d))
            continue;
        else
            break; //i 与 d 都是素数，退出循环
    }
    printf("%lld = %lld + %lld",a,i,a-i);
    return 0;
}
```

案例 2-27　素因子分解

【问题描述】输入一个正整数 n，求其素因子分解结果，即给出其因式分解表达式

$$n = p_1^{k_1} p_2^{k_2} \cdots p_m^{k_m}$$

式中，$p_1, p_2, \cdots, p_m$ 为素因子；指数 $k_1, k_2, \cdots, k_m$ 分别表示 $p_1, p_2, \cdots, p_m$ 的个数，当某个指数为 1（表示只有一个素因子）时不输出该指数。要求：由小到大输出素因子及其指数。

【输入】 1323

【输出】 1323=3^3*7^2

【问题解析】素因子分解实际上是将一个正整数 n（long int 型）输出为素数的乘积，对于相同的素因子，使用指数的形式表示。从最小的素数 2 开始对 n 进行分解，如果 n%2==0，则说明 n 可以被 2 分解，令 n=n/2，并使用 number 记录对 2 进行分解的次数。当 n 的素因子 2 分解完成之后，对下一个数继续进行分解，直到 n==1。

【参考代码】

```c
#include<stdio.h>
int main()
{
    long long n;
    long long i,number=0;
    scanf("%lld",&n);
    printf("%lld=",n);
    if(n==1)
        printf("1");  //1 的素因子是 1
    else
        while(n!=1)//还可以进行分解
        {
            //从 2 开始寻找下一个素数
            for(i=2;i<=n;i++)
                if(n%i==0)
                {
                    number=0;
                    //n 可以被 i 分解
                    while(n%i==0)
                    {
                        n=n/i;
                        number++;
```

```c
                    }
                    if(number>1)
                        //输出当前的分解结果
                        printf("%lld^%lld",i,number);
                    else
                        printf("%lld",i);
                    break;
                }
            if(n!=1)
                printf("*");
        }
    return 0;
}
```

案例 2-28　上楼梯

【问题描述】楼梯有 n 阶，上楼梯可以 1 步上 1 阶，也可以 1 步上 2 阶。计算上楼梯有多少种不同的走法。

【输入 1】 1

【输出 1】 1

【输入 2】 8

【输出 2】 34

【问题解析】设 n 阶楼梯的走法有 $f(n)$ 种。如果只有 1 阶，则走法有 1 种（1 步上 1 阶），即 $f(1)=1$。如果有 2 阶，则走法有 2 种（一种是 1 步上 1 阶，再 1 步上 1 阶，另一种是 1 步上 2 阶），即 $f(2)=2$。当 $n>3$ 时，对于 $f(n)$，我们缩小问题规模，可以这样想：如果最后是 1 步上 1 阶，则之前上了 $n-1$ 阶，走法有 $f(n-1)$ 种；而如果最后是 1 步上 2 阶，则之前上了 $n-2$ 阶，走法有 $f(n-2)$ 种。故 $f(n)=f(n-1)+f(n-2)$。

【参考代码】

```c
#include <stdio.h>
int main()
{
    //n1 和 n2 分别代表 f(n-1)和 f(n-2)
    int i,n,n1,n2,n3;
    n1=1;
    n2=2;
    printf("Input n=");
    scanf("%d",&n);
```

```c
if(n==1)
{
    printf("%d plans",n1);
    return 0;
}
else if(n==2)
{
    printf("%d plans",n2);
    return 0;
}
clsc
{
    for(i=3; i<=n; i++)
    {
        n3=n1+n2;
        n1=n2;
        n2=n3;
    }
    printf("%d",n3);
}
return 0;
}
```

案例 2-29 输出倒置金字塔

【问题描述】指定行数，输出由星号组成的倒置金字塔。

【输入】5

【输出】

【参考代码】

```c
#include<stdio.h>
int main()
{
    int i,j,n;
    scanf("%d",&n);
    for(i=0;i<n;i++)
    {
        for(j=0;j<i;j++)//先输出空格
            printf(" ");
```

```c
        for(j=0;j<2*(n-i)-1;j++)
            printf("*");
        printf("\n");
    }
    return 0;
}
```

案例 2-30 输出金字塔

【问题描述】指定行数，输出由大写英文字母（按英文字母表顺序循环输出)组成的金字塔。

【输入】9

【输出】

```
        A
       BCD
      EFGHI
     JKLMNOP
    QRSTUVWXY
   ZABCDEFGHIJ
  KLMNOPQRSTUVW
 XYZABCDEFGHIJKL
MNOPQRSTUVWXYZABC
```

【参考代码】

```c
#include<stdio.h>
int main()
{
    int i,j;
    int n;
    int tmp=0;
    scanf("%d",&n);
    for(i=1;i<=n;i++){
        for(j=1;j<=n-i;j++){
            printf(" ") ;
        }
        for(j=1;j<=2*i-1;j++){
            printf("%c",'A'+(tmp++)%26) ;
        }
        printf("\n") ;
    }
    return 0;
}
```

案例 2-31 动态计算并输出金字塔

【问题描述】把给定数量的符号按沙漏形状输出。沙漏形状是由倒置金字塔和金字塔组合而成的，要求：每行输出奇数个符号；各行符号按中心位置对齐；相邻两行符号数差 2；符号数先按从大到小顺序递减到 1，再按从小到大顺序递增；沙漏第 1 行和最后一行的符号数相等。因为给定数量的符号不一定能正好组成一个沙漏形状，所以输出时要求用掉尽可能多的符号，并在沙漏形状下面一行中给出剩下的符号数。

【输入 1】17 *

【输出 1】

```
*****
 ***
  *
 ***
*****
0
```

【输入 2】19 *

【输出 2】

```
*****
 ***
  *
 ***
*****
2
```

【问题解析】要输出符合条件的图形，首先要确定输出有几行，即求出最多可以用多少个符号来形成沙漏。分析可知，输出最简单的沙漏所需符号数总计为 3+1+3。设沙漏当前层（相对于中心位置，向上或向下的行）符号数为 i，输出其下一层（上一行或下一行）所需的符号数为 i+2。令 sum 为已求得的符号数总和，要输出沙漏下一层，则所需的符号数总和为 sum+2*(i+2)。如果输出沙漏下一层所需的符号数总和小于给定的符号数，则更新当前层符号数 i。然后输出由最大可用符号数构成的沙漏，以及剩余符号数。

【参考代码】

```c
#include<stdio.h>
int main()
{
    int a,sum,i,b,mid,k;
    char c;
    scanf("%d %c",&a,&c);
    sum=1;
    i=1;
    sum+=2*(i+2);        //下一层所需符号数总和
    while(sum<=a)
    {
        i+=2;            //更新当前层符号数
        sum+=2*(i+2);
    }
    sum-=2*(i+2);        //最大可用符号数
    for(b=0;b<i;b++)     //从这层开始
    {
        mid=i/2;
        for(k=0;k<i;k++)
        {
            if(k>=(b<=mid?b:i-1-b) && k<=(b<=mid?
                i-1-b:b))
                printf("%c",c);
            else
                printf(" ");
        }
        printf("\n");
    }
    printf("%d",a-sum);
    return 0;
}
```

案例 2-32　百钱买百鸡

【问题描述】中国古代数学家张丘建在他的《算经》中提出了一个著名的百钱买百鸡问题："鸡翁一，值钱五；鸡母一，值钱三；鸡雏三，值钱一。百钱买百鸡，问鸡翁、母、雏各几何？"意思是：公鸡 5 钱一只，母鸡 3 钱一只，小鸡 1 钱 3 只。某个人有 100 钱，打算买 100 只鸡，其中公鸡、母鸡、小鸡各多少只？

【输出】

公鸡：0，母鸡：25，小鸡：75
公鸡：4，母鸡：18，小鸡：78
公鸡：8，母鸡：11，小鸡：81
公鸡：12，母鸡：4，小鸡：84

```
#include <stdio.h>
int main()
{
    int cock,hen,chick;
    //100 钱能买 0~20 只公鸡
    for(cock=0;cock<=20;cock++)
        //100 钱能买 0~33 只母鸡
        for(hen=0;hen<=33;hen++)
        {
            chick=100-hcn-cock;
            if(15*cock+9*hen+chick==300)
                printf("公鸡：%d, 母鸡：%d, 小鸡：
                    %d\n",cock,hen,chick);
        }
    return 0;
}
```

案例 2-33   比赛名单

【问题描述】两个乒乓球队进行比赛，各出三人。甲队为 a,b,c 三人，乙队为 x,y,z 三人。已抽签决定比赛名单。有人向队员打听比赛的名单。a 说他不和 x 比，c 说他不和 x 或 z 比，请找出比赛名单。

【输出】a--z   b--x   c--y

```
#include <stdio.h>
int main()
{
    char i,j,k;//i 是 a 的对手，j 是 b 的对手，k 是 c 的对手
    for(i='x';i<='z';i++)
        for(j='x';j<='z';j++)
        {
            if(i!=j)    //i 与 j 不能是同一个人
                for(k='x';k<='z';k++)
                {
                    if(i!=k&&j!=k)
                    {
                        if(i!='x'&&k!='x'&&k!='z')
                            printf("a--%c\tb--%c\t
                                c--%c\n",i,j,k);
                    }
                }
        }
    return 0;
}
```

2.3 习　　题

一、选择题

1．有以下程序：

```
int main()
{   int i=1,j=1,k=2;
    if((j++||k++)&&i++)    printf("%d,%d,%d\n",i,j,k);
}
```

执行后，输出结果是_____。

　　A）1,1,2　　　　　　　B）2,2,1　　　　　　　C）2,2,2　　　　　　　D）2,2,3

2．对于 int x, y;，语句 if (x<0) y= -1; else if (!x) y=0; else y=1;等价于_____。

　　A）y=0; if (x>=0) if (x) y=1; else y= -1;

　　B）if (x!=0) if (x>0) y=1; else y= -1; else y=0;

　　C）if (x<0) y= -1; if (x!=0) y=1; else y=0;

　　D）y= -1; if (x!=0) if (x>0) y=1; else y=0;

3．C 语言中对嵌套 if 语句的规定是：else 总是与_____配对。

　　A）其之前最近的 if　　　　　　　　　　B）第一个 if

　　C）缩进位置相同的 if　　　　　　　　　D）其之前最近且不带 else 的 if

4．在以下给出的表达式中，与 while(E)中的(E)不等价的表达式是_____。

　　A）(!E==0)　　　　　B）(E>0||E<0)　　　　　C）(E==0)　　　　　D）(E!=0)

5．下面程序段的内循环体一共需要执行_____次。

```
for(i=5;i;i--)
    for(j=0;j<4;j++)
        {…}
```

　　A）20　　　　　　　B）24　　　　　　　C）25　　　　　　　D）30

6．执行 x=1；do{x=x*x;}while (!x);循环时，下列说法正确的是_____。

　　A）循环体将执行一次　　　　　　　　　B）循环体将执行两次

　　C）循环体将执行无限次　　　　　　　　D）系统将提示有语法错误

7．循环 for(i=0, j=5; ++i!=--j;) printf("%d %d", i, j);将执行_____。

　　A）6 次　　　　　　　B）3 次　　　　　　　C）0 次　　　　　　　D）无限次

8．下列程序段执行后，s 值为_____。

```
int i=5, s=0;
do   if (i%2) continue; else s+=i; while (--i);
```

　　A）15　　　　　　　B）9　　　　　　　C）6　　　　　　　D）以上均不是

9．以下关于 switch 语句的叙述中，_____是错误的。

　　A）switch 语句允许嵌套使用

　　B）语句中必须有 default 部分，才能构成完整的 switch 语句

　　C）语句中各 case 与后面的常量表达式之间必须有空格

　　D）只有与 break 语句或 goto 语句结合使用，switch 语句才能实现程序的选择控制

10．下列叙述中正确的是_____。

　　A）break 语句只能用在 switch 语句内

B）continue 语句的作用是使程序的执行流程跳出包含它的所有循环

C）break 语句只能用在循环体内和 switch 语句内

D）在循环体内使用 break 语句和 continue 语句的作用是相同的

二、填空题

1．当 a=3,b=2,c=1 时，表达式 f=a>b>c 的值是_____。

2．已知 a、b 和 c 的值分别为 1、2 和 3，执行下列语句后，a 和 c 的值分别是_____。

        if(a++<b) {b=a;a=c;c=b;} else a=b=c=0;

3．若 i 为整型变量，则以下循环语句的执行结果是_____。

        for(i=0;i==0;)   printf("%d",--i);

4．若程序中有 int x=-1;定义语句，则 while(!x) x*=x;语句的循环体将执行_____次。

5．执行 for(m=1;m++<=5;) ;语句后，变量 m 的值为_____。

6．执行下面的程序段后，变量 k 的值是_____。

        int k=1,n=325;

        do {k*=n%10;n/=10;} while(n);

7．C 语言用_____表示假，_____表示真。

8．C 语言中用于选择结构的控制语句有_____语句和_____语句两种,前者用于_____的情形，而后者用于_____的情形。

9．C 语言中实现循环结构的控制语句有_____语句、_____语句和_____语句。

10．在循环体内遇到_____、_____语句后，将退出循环。

11．switch 语句只有与_____语句结合使用，才能实现程序的选择结构。

12．在 C 语言的 switch 语句中，每个 case 和 ":" 之间只能是_____。

13．以下程序的输出结果是_____。

```
int main(void){
    int num=0,s=0;
    while(num<2){
        num++;s+=num;
    }
    printf("%d\n",s);
    return 0;
}
```

14．以下程序的输出结果是_____。

```
int main(void){
    for(int i=1;i<6;i++){
        if(i%2!=0){
            printf("#");
            continue;
        }
        printf("*");
    }
    printf("\n");
    return 0;
```

}

15. 运行时输入 3，输出结果为_____。

```c
#include <stdio.h>
int main(){
    int n, i, j;
    scanf( "%d", &n );
    for ( i = 0; i < n; i++ ){
        for ( j = 0; j < n-1-i; j++ )
            printf( " " );
        for ( j = 0; j < 2*i+1; j++ )
            printf( "*" );
        printf( "\n" );
    }
    return 0;
}
```

16. 下列程序的功能是计算 $s=1+12+123+1234+12345$，在画线处补全代码。

```c
int t=0,s=0,i;
for(i=1;i<=5;i++){
    t=i+_____;
    s=s+t;
}
printf("s=%d\n",s);
```

17. 以下程序，若输入 "7   10"，则输出结果是_____。

```c
#include <stdio.h>
int main()
{
    int m,n,s=0,i;
    scanf("%d%d", &m, &n );
    for ( i=m; i<=n; i++ )
    {
        if ( i<n )
            printf( "%d+", i );
        else
            printf( "%d=", i );
        s += i;
    }
    printf( "%d\n", s );
    return 0;
}
```

习题参考答案

一、选择题
1. C   2. B   3. D   4. C   5. A   6. A   7. D   8. C   9. B   10. C

二、填空题
1. 0   2. 3和2   3. -1   4. 0   5. 7   6. 30   7. 0；非0

8. if；switch；两者选一；多者选一   9. for；while；do-while   10. break；return

11. break（或 goto）   12. 常量或常量表达式   13. 3   14. #*#*#

15.
```
    *
   ***
  *****
```
    16. 10*t   17. 7+8+9+10=34

第3章 数　组

3.1　知　识　点

数组也称构造类型，是用于存放一组相同类型数据的有序变量的集合。数组和普通变量一样，在程序中要先定义后引用。C 语言支持一维数组和多维数组。本章案例涉及一维数组与二维数组。

3.1.1　一维数组

一维数组的定义格式如下：

　　　　类型说明符　数组名[常量表达式];

说明：

① 数组是在内存中连续存放的一组变量。如果数组元素之间只通过一个下标来相互区分，它就是一维数组。

② 要区分数组定义和数组引用。例如：

　　　　int a[3]={0,1,2},b[4];　/*先定义数组长度为 3 的数组 a 并进行初始化，然后定义数组长度为 4 的
　　　　　　　　　　　　　　　　数组 b*/

在定义时，"[]"中是数组的长度（元素的个数），并且是常量表达式。例如：

　　　　b[3]=a[2];　/*通过下标引用数组元素，将 a[2]的值赋给 b[3]，且数组下标从 0 开始，下标最大值为
　　　　　　　　　　数组长度减 1，数组下标只能为整型常量或整型表达式*/

③ 在执行输入、赋值或输出等需要遍历数组的操作时，通常在循环结构里让循环控制变量从 0 开始，每次循环后加 1 直到数组最大下标（常量表达式减 1），可以遍历整个数组。

④ 数组存储方式是线性连续的，数组名代表数组的首地址，是常量。

3.1.2　二维数组

二维数组是有两个下标的数组，定义格式如下：

　　　　类型说明符　数组名[常量表达式 1][常量表达式 2]

① 二维数组有两个下标，在内存中是按行存储的，先依次存储行数组上的数据，再依次存储列数组上的数据，可以理解为，常量表达式 1 指明行数，常量表达式 2 指明列数。

② 二维数组关于数组名、常量表达式的规定与一维数组相同，每一维的下标都是从 0 开始的。

③ 遍历二维数组通过双层循环结构实现，外循环对应二维数组的行下标，内循环对应二维数组的列下标。

3.1.3　一维字符数组

字符串是用双引号括起来的一串字符，如"It is my university"。C 语言中没有专门的字符串变量，而是用字符数组来存放字符串。

① 一维字符数组的定义、存储与引用与其他一维数组相同。

② 字符串和字符数组的区别是：字符串以'\0'作为串结束符，有效长度不包括'\0'；而字

符数组中存放字符串时可以不占满整个数组，字符串内容从数组的第 0 个元素开始直到'\0'处结束。

③ 对一维字符数组 char str[20]的输入、输出操作可通过循环结构一个一个字符地处理。输入字符串时，不要忘记添加串结束符'\0'。可以使用函数 gets(str)与 puts(str)对字符串完成输入、输出操作，应注意与 scanf("%s", str)和 printf("%s", str)相区别。

3.2 案例实践

案例 3-1 Fibonacci 数列

【问题描述】输入一个正整数 n（$2<n<100$），输出 Fibonacci（斐波那契）数列前 n 项。Fibonacci 数列从第 0 项开始，前面两项分别为 0 和 1，之后每项都等于前两项之和。输出时，每行 4 个数，数之间用一个空格分隔。注：如果未添加特别说明，案例中各输入项之间均用一个空格分隔。

【输入 1】

6

【输出 1】

1 1 2 3

5 8

【输入 2】

7

【输出 2】

0 1 1 2

3 5 8

【参考代码】

```c
#include<stdio.h>
int main()
{
    int n,i;
    double fib[100];
    scanf("%d",&n);
    fib [0] = 0;
    fib [1] = 1;
    for(i=2;i<n;i++){
        fib[i] = fib[i-1]+ fib[i-2];
    }
    for(i = 0;i<n;i++){
        printf("%.0lf ", fib[i]);
        if((i+1)%4==0)
            printf("\n");
    }
    return 0;
}
```

案例 3-2 低于平均数的成绩

【问题描述】输入 n 个学生的成绩（$0<n<50$），输出全部学生成绩的平均数及所有低于平均数的成绩。要求：输入第 1 行给出学生个数 n，第 2 行给出全部学生的成绩（保留 1 位小数），计算所得的平均数保留 2 位小数。

【输入 1】

5

100 78.5 86.6 90 66.9

【输出 1】

avg = 84.40

78.50 66.90

【输入 2】

10

89 78.9 88 90.5 69 80 90.5 96 100 58

【输出 2】

avg = 83.99

78.90 69.00 80.00 58.00

【参考代码】

```c
#include<stdio.h>
int main()
{
    double score[50];
    int n,i;
    double sum = 0, avg = 0;
    scanf("%d",&n);
    for(i = 0; i < n; i++){
        scanf("%lf", &score[i]);
        sum += score[i];
    }
    avg = sum / n;
    printf("avg = %.2lf\n", avg);
    for(i = 0; i < n; i++){
        if(score[i] < avg){
            printf("%.2lf ",score[i]);
        }
    }
    return 0;
}
```

案例 3-3 升序排列数组的目标和

【问题描述】一个已按照升序排列的有序数组，找到两个数，它们相加等于目标和，并输出这两个数的下标。假设有且只有唯一一组答案。要求：输入第 1 行给出数组长度与目标和，第 2 行给出全部数组元素。

【输入 1】

4 9

2 7 11 15

【输出 1】

[0,1]

【输入 2】

6 8

2 3 5 7 10 12

【输出 2】

[1,2]

【问题解析】用双下标（left 和 right）解法，计算 sum，再根据 sum 进行判断，控制两个下标分别向内收缩。

【参考代码】

```c
#include <stdio.h>
int main()
{
    int a[100];
    int i, n, target, left, right, sum;
    scanf("%d", &n);
    scanf("%d", &target);
    for (i = 0; i < n; i++) {
        scanf("%d", &a[i]);
    }
    left = 0, right = n - 1;
    sum = 0;
    while (left < right) {
        sum = a[left] + a[right];
        if (sum > target) {
            right--;
        } else if (sum < target) {
            left++;
        } else {
            break;
        }
    }
```

```c
    }
    printf("[%d,%d]", left, right);
    return 0;
}
```

案例 3-4 单调数列

【问题描述】如果数列是单调递增或单调递减的，那么称它是单调的。用一个整数数组表示数列，输入数组长度和全部数组元素，判断它是否为单调数列。如果是单调递增数列，则输出 up；如果是单调递减数列，则输出 down；如果不是单调数列，则输出 false。

【输入 1】

4

2 4 7 8

【输出 1】

up

【输入 2】

5

8 7 4 2 -1

【输出 2】

down

【输入 3】

5

8 4 2 6 0

【输出 3】

false

【问题解析】记录前面两个数的差值，用来和本次所得的差值相比，如果差值不变号，则说明单调。

【参考代码】

```c
#include<stdio.h>
int main()
{
    int nums[100];
    int n, i, t1, t2;   //n>2
    scanf("%d",&n);

    for(i = 0;i<n;i++){
        scanf("%d",&nums[i]);
    }
```

```
//记录前面两个数之间的差值
t1 = nums[1]-nums[0];
for(i = 1; i<n-1; i++){
    t2 = nums[i+1] -nums[i];
    if(t2*t1 <= 0){//有一个是 0 或异号
        printf("false");
        return 0;
    }
    t1=t2;
}
if(t1>0) printf("up");
else printf("down");
return 0;
}
```

案例 3-5 最大子序和

【问题描述】用数组表示序列，输入数组长度和全部数组元素，找到具有最大和的连续子数组（子数组最少包含一个数组元素），输出其最大和。

【输入 1】

9

2 -3 4 5 -1 8 -3 -4 5

【输出 1】

16

【输入 2】

4

1 5 -2 7

【输出 2】

11

【问题解析】输入 1 解释：子序列{4 5 -1 8}具有最大和。

【参考代码】

```c
#include <stdio.h>
int main(){
    int nums[100];
    int n, i, sum, max;
    scanf("%d", &n);
    for (i = 0; i < n; i++) {
        scanf("%d", &nums[i]);
    }
```

```c
    sum = 0;
    max = nums[0];
    for (i = 0; i < n; i++) {
        if (sum <= 0) {
            sum = nums[i];
        } else {
            sum += nums[i];
        }
        if (sum > max) {
            max = sum;
        }
    }
    printf("%d", max);
    return 0;
}
```

案例 3-6 进制转换

【问题描述】输入一个十进制数，转换为 r（$r \leqslant 16$）进制数后输出。要求：输入第 1 行是十进制数，第 2 行是 r（$r \leqslant 16$）。转换后的数输出时，其各位上的数字之间空两格，可以使用"%-2c"格式。

【输入 1】

64544

16

【输出 1】

F C 2 0

【参考代码】

```c
#include <stdio.h>
int main(){
    int a[200];
    int n,m;
    int i=0,j;
    scanf("%d",&n);
    scanf("%d",&m);
    while(n){
        a[i]=n%m;
        n=n/m;
        i++;
    }
    for (j=i-1;j>=0;j--){
```

```
        if(a[j]<10){
            printf("%3d",a[j]);
        }else{
            printf("%3c",'A'+a[j]-10);
        }
    }
}
```

案例 3-7   整数的逆序数

【问题描述】输入一个 32 位的有符号整数,将其各位上的数字逆序排列后输出(符号不变)。

【输入 1】

123

【输出 1】

321

【输入 2】

-123456

【输出 2】

-654321

【参考代码】

```
#include<stdio.h>
int main(){
    int x,i=0;
    char a[1000];
    scanf("%d",&x);
    if(x<0){
        printf("-");
        x=-x;
    }
    while(x){
        a[i]=x%10+'0';
        x=x/10;
        i=i+1;
    }
    a[i]='\0';
    for(i=0;a[i]!='\0';i++){
        printf("%c",a[i]);
    }
    return 0;
}
```

案例 3-8   拆分整数

【问题描述】输入一个整数后,将其各位上的数字拆分后依次输出,并以"&"分隔。

【输入 1】123456

【输出 1】123456=1&2&3&4&5&6

【输入 2】657492

【输出 2】657492=6&5&7&4&9&2

【问题解析】对于这类特殊结构的构造,可以先将"%d=%d"左边的第一个式子构造出来,然后依次将"&%d"作为一个单位输出。

【参考代码】

```
#include <stdio.h>
int main()
{
    int a[20],k=0;
    int i=1,tmp,n;
    scanf("%d",&n);
    while(i<=n) i*=10;
        i=i/10;
    tmp=n;
    while(tmp){
        a[k]=tmp/i;
        tmp = tmp %i;
        i=i/10;
        k++;
    }
    printf("%d=%d",n,a[0]);
    for(i=1;i<k;i++)
        printf("&%d",a[i]);
    return 0;
}
```

案例 3-9   跳跃游戏

【问题描述】输入一个非负整数数组,最初位置为数组的第一个位置。数组中的每个元素代表在该位置可以跳跃的最大长度。目标是使用最少的跳跃次数到达数组的最后位置(假设一定可以跳跃到最后位置)。

【输入】

5

2 3 1 1 4

2

【问题解析】可采用贪心算法，每次都选择最远可到达的点。

【参考代码】

```c
#include <stdio.h>
int main() {
    int a[100];
    int n, i, reach, nextreach, step;
    scanf("%d",&n);
    for(i=0;i<n;i++){
        scanf("%d",&a[i]);
    }
    if(n==1){
        printf("0");
        return 0;
    }
    reach=0;    //当前需要进行跳跃的右界限
    nextreach=a[0];    //下一次跳跃的右界限
    step=0;
    for(i=0;i<n;i++){
        if(i+a[i]>nextreach)
            nextreach=i+a[i];
        if(nextreach>=n-1){
            printf("%d",step+1);
            return 0;
        }
        if(i==reach){
            step++;
            reach=nextreach;
        }
    }
    printf("%d",step);
    return 0;
}
```

案例 3-10　合并有序数组

【问题描述】将两个已经有序（升序）的整数数组合并成为一个新的数组。要求：输入第1行给出两个数组的长度 m 和 n（$1 \leq m,n \leq 1000$），后面两行分别给出两个数组的全部元素，输出为一个升序排列的新数组。

【输入】

4 5

1 4 5 8

3 3 7 9 12

【输出】

1 3 3 4 5 7 8 9 12

【问题解析】开辟一个新的数组来进行存储，遍历两个数组并比较元素大小，按升序放入新数组中。

【参考代码】

```c
#include<stdio.h>
int main()
{
    int a1[1000], a2[1000], a3[2000];
    int m, n, i, j, k;
    scanf("%d %d", &m,&n);
    for(i = 0;i<m;i++){
        scanf("%d",&a1[i]);
    }
    for(i = 0;i<n;i++){
        scanf("%d",&a2[i]);
    }
    a3[m+n];
    i=0;    //遍历 a1
    j=0;    //遍历 a2
    k=0;    //遍历 s3
    while(i<m && j<n){
        if(a1[i] < a2[j]){
            a3[k++] = a1[i++];
        }else{
            a3[k++] = a2[j++];
        }
    }
    while(i<m){
        a3[k++] = a1[i++];
    }
    while(j<n){
        a3[k++] = a2[j++];
    }
    for(k = 0;k<m+n;k++){
```

```
            printf("%d ",a3[k]);
    }
    return 0;
}
```

案例 3-11　有序数组中元素求平方

【问题描述】输入数组长度和全部数组元素，生成一个相同长度的新数组，新数组中的元素为原数组中元素的平方，并且按升序排列后输出。

【输入 1】

4

-2 3 5 7

【输出 1】

4 9 25 49

【输入 2】

6

-2 -3 2 6 4 8

【输出 2】

4 4 9 16 36 64

【问题解析】求平方后用冒泡法排序。

【参考代码】

```
#include<stdio.h>
int main()
{
    int a[100];
    int n, i, k=0;
    scanf("%d",&n);
    for(i=0;i<n;i++){
        scanf("%d",&a[i]);
    }
    for(int i=0;i<n;i++){
        a[k++]=a[i]*a[i];
    }
    for(int i=0;i<n;i++){
        for(int j=0;j<n-i-1;j++){
            if(a[j+1]<a[j]){
                int temp=a[j+1];
                a[j+1]=a[j];
                a[j]=temp;
            }
```

```
        }
    }
    for(i=0;i<n;i++){
        printf("%d ",a[i]);
    }
    return 0;
}
```

案例 3-12　在有序数组中插入元素

【问题描述】已知数组中的元素全部为正整数并且已按升序排列，将输入的一个正整数插入该数组中，插入后，该数组中的元素依然按升序排列。要求：输入第 1 行给出数组长度和新数，第 2 行给出全部数组元素。输出新的有序（升序）数组。

【输入 1】

7 18

2 4 5 8 9 12 15

【输出 1】

2 4 5 8 9 12 15 18

【输入 2】

7 3

2 4 5 8 9 12 15

【输出 2】

2 3 4 5 8 9 12 15

【问题解析】先找到要插入的位置，然后将从该位置开始的所有数均往后移动一个位置，再将新数插入该位置。若新数比数组中所有的数都大，则放入数组最后一个位置。

【参考代码】

```
#include<stdio.h>
int main()
{
    int a[100];
    int n, num, i, j;
    scanf("%d", &n);
    scanf("%d", &num);
    for(i = 0; i<n; i++)
    {
        scanf("%d",&a[i]);
    }
```

```
    a[n] = 0;
    for(i = 0; i<n; i++)
    {
        if(a[i]>num)
        {   //找到插入位置
            for(j = n-1; j>=i; j--)
            {   //往后移动一个位置
                a[j+1] = a[j];
            }
            a[i] = num;    //插入新数
            break;
        }
    }
    if(a[n]==0)
    {   //新数比所有数都大
        a[n] = num;
    }
    for(i = 0; i<n+1; i++){
        printf("%d ",a[i]);
    }
    return 0;
}
```

案例3-13　数组中三个元素的最大乘积

【问题描述】分两行输入数组长度（大于3）和全部数组元素（均为整数，且各不相同），求这个数组中不同的三个元素的最大乘积。数组中元素的取值范围是[-1000, 1000]。注意：数组中任意三个元素的乘积不应超出32位有符号整数的范围。

【输入1】

6

-2 -4 1 2 3 -5

【输出1】

60

【输入2】

4

5 4 2 8

【输出2】

160

【问题解析】先对数组进行升序排列。

```
#include<stdio.h>
int main()
{
    int a[100];
    int i, j, n;
    int a1,a2,a3,max;
    scanf("%d", &n);
    for(i=0;i<n;i++)
    {
        scanf("%d", &a[i]);
    }
    //采用冒泡法将数组按升序排列
    for(i=0;i<n-1;i++){
        for(j=0;j<n-i-1;j++){
            if(a[j]>a[j+1]){
                int t = a[j];
                a[j] = a[j+1];
                a[j+1] = t;
            }
        }
    }
    a1 = a[0]*a[1]*a[2];
    a2 = a[0]*a[1]*a[n-1];
    a3 = a[n-1]*a[n-2]*a[n-3];
    max=a1>a2 ? a1:a2;
    max=max>a3 ?max : a3;
    printf("%d", max);
    return 0;
}
```

案例3-14　用数组实现九九乘法表

【问题描述】输入一个正整数 n（$n>1$），构建 $n×n$ 的九九乘法表。

【输入】

6

【输出】

```
1    2    3    4    5    6
2    4    6    8    10   12
3    6    9    12   15   18
4    8    12   16   20   24
5    10   15   20   25   30
6    12   18   24   30   36
```

【参考代码】

```c
#include<stdio.h>
int main()
{
    int a[100][100];
    int n,i,j;
    scanf("%d",&n);
    for(i=0;i<n;i++){
        for(j=0;j<n;j++){
            a[i][j] = (i+1)*(j+1);
        }
    }
    for(i=0;i<n;i++){
        for(j=0;j<n;j++){
            printf("%4d ", a[i][j]);
        }
        printf("\n");
    }
    return 0;
}
```

案例 3-15　二维数组的查找

【问题描述】给出一个 *m* 行 *n* 列（*m,n*>0）的二维数组，每行都按从左到右升序排列，每列都按从上到下升序排列。输入第 1 行给出列数 *n* 和行数 *m*，后面第 2~*m*+1 行给出二维数组的全部元素，后面第 *m*+2 行给出一个整数 *k*，判断 *k* 是否存在于二维数组中，如果存在，则输出 true，否则输出 false。

【输入 1】

2 2

2 5

4 9

6

【输出 1】

false

【输入 2】

3 4

1 4 7

2 5 8

3 6 10

10 13 15

13

【输出 2】

true

【问题解析】除了采用直接遍历查找的方法，还可以将二维数组看作一个二叉查找树，从右上角的数开始查找，左边的数都比它小，下边的数都比它大。

【参考代码】

```c
#include<stdio.h>
int main(){
    int nums[100][100];
    int y=0;
    int m=0,n=0, left, right;
    int a=0,b=0,flag=0;
    scanf("%d%d",&n,&m);

    for(int i=0;i<m;i++ ){
        for(int j=0;j<n;j++ ){
            scanf("%d",&nums[i][j]);
        }
    }
    left = 0;
    right = n-1;
    scanf("%d",&y);
    while( left<m && right>=0 ){
        if(nums[left][right]== y){
            flag=1;
            left++;
        }
        if(nums[left][right]<y ){
            left++;
        }
        if(nums[left][right]>y ){
            right--;
        }
    }
    if(flag==0)
        printf("false");
    else
        printf("true"); }
```

案例 3-16　对角矩阵

【问题描述】输入 n（$1<n<1000$），输出 $n\times n$ 对角矩阵，即矩阵中的主、次对角元素均为 1，其他元素为 0。用二维数组存储矩阵。

【输入 1】

3

【输出 1】

1 0 1

0 1 0

1 0 1

【输入 2】

5

【输出 2】

1 0 0 0 1

0 1 0 1 0

0 0 1 0 0

0 1 0 1 0

1 0 0 0 1

【参考代码】

```c
#include<stdio.h>
int main(){
    int grid[100][100];
    int n,i,j;
    scanf("%d",&n);
    for(i=0;i<n;i++){
        for(j=0;j<n;j++){
            if(i==j || i==n-j-1){
                grid[i][j]=1;
            }else{
                grid[i][j]=0;
            }
        }
    }
    for(i=0;i<n;i++){
        for(j=0;j<n;j++){
            printf("%d ",grid[i][j]);
        }
        printf("\n");
    }
    return 0;
}
```

案例 3-17　求矩阵的局部极大值

【问题描述】求矩阵的局部极大值。对于一个非边界处的元素来说，如果它比周围（上、下、左、右）的元素都大，那么它就是一个局部极大值。输入一个 $m\times n$ 的二维数组，其元素都是整型数，输出每个局部极大值和它的坐标（坐标从 0 开始计）。如果不存在局部极大值，那么输出 None。

【输入 1】

3 4

1 4 2 7

0 7 8 3

4 6 1 8

【输出 1】

8:(1,2)

【输入 2】

2 2

4 2

1 3

【输出 2】

None

【问题解析】注意，边界处的元素都不是局部极大值，因此在遍历时只需要判断内部元素。

【参考代码】

```c
#include<stdio.h>
int main()
{
    int a[100][100];
    int m,n,i,j;
    scanf("%d %d",&m,&n);
    for(i=0;i<m;i++){
        for(j=0;j<n;j++){
            scanf("%d",&a[i][j]);
        }
    }
    if(n<=2||m<=2){
        printf("None");
        return 0;
    }
    int flag=1;
    for(i=1;i<m-1;i++){
```

```
        for(j=1;j<n-1;j++){
            int k=a[i][j];
            if(k>a[i-1][j] && k>a[i+1][j] && k>a[i][j-1]
                && k>a[i][j+1]){
                printf("%d:(%d,%d)\n",k,i,j);
                flag=0;
            }
        }
    }
    if(flag==1)
        printf("None");
    return 0;
}
```

案例 3-18　验证 Toeplitz 矩阵

【问题描述】如果矩阵中，任意一条由左上到右下对角线上的元素都取相同的值，那么这个矩阵是 Toeplitz（托普利茨）矩阵，又称常对角矩阵。输入一个 $M×N$（M 和 N 均在 $[1, 20]$ 范围内）矩阵，判断它是不是 Toeplitz 矩阵，若是则输出 True，否则输出 False。

【输入 1】

3 4

1 2 3 4

5 1 2 3

9 5 1 2

【输出 1】

True

【输入 2】

2 2

1 2

2 2

【输出 2】

False

【问题解析】在输入 1 的矩阵中，其由左上到右下对角线上的元素分别为: (9), (5, 5), (1, 1, 1), (2, 2, 2), (3, 3), (4)。各条对角线上的所有元素均相同，因此其结果是 True。

【参考代码】

```
#include <stdio.h>
int main() {
```

```
    int grid[100][100];
    int M, N, i, j;
    scanf("%d %d", &M, &N);
    for (i = 0; i < M; i++) {
        for (j = 0; j < N; j++) {
            scanf("%d", &grid[i][j]);
        }
    }
    for(i = 0;i<M-1;i++){
        for(j = 0;j<N-1;j++){
            if(grid[i][j]!=grid[i+1][j+1]){
                printf("False");
                return 0;
            }
        }
    }
    printf("True");
    return 0;
}
```

【参考解释】可以观察符合条件的矩阵: 每行元素之间错位相同，相邻两行元素错位后再进行比较，只有一个位置上的元素不同。因此，从上向下进行比较，将第 $i-1$ 行去掉最后一个元素，第 i 行去掉第一个元素，然后比较剩下的元素是否相等。

案例 3-19　顺时针输出矩阵

【问题描述】输入一个 $M×N$ 矩阵，从左上角开始按照顺时针方向输出全部元素。

【输入 1】

2 3

1 2 3

4 5 6

【输出 1】

1 2 3 6 5 4

【输入 2】

4 4

1 5 4 7

2 4 5 8

3 5 4 0

5 9 5 6

【输出2】

1 5 4 7 8 0 6 5 9 5 3 2 4 5 4 5

【参考代码】

```c
#include <stdio.h>
int main() {
    int a[100][100], res[10000];
    int M, N, i, j, x=0;
    scanf("%d %d", &M, &N);
    for (i=0; i<M; i++) {
        for (j=0; j<N; j++) {
            scanf("%d", &a[i][j]);
        }
    }
    int left=0, right=N-1, top=0, below=M-1;
    while (left <=right && top <=below) {
        for (i=left; i <=right; i++) {
            res[x++]=a[top][i];   //左-右
        }
        if (++top>below)
            break;
        for (i=top; i <=below; i++) {
            res[x++]=a[i][right];
        }
        if (left>--right)
            break;
        for (i=right; i >=left; i--) {
            res[x++]=a[below][i];
        }
        if (top>--below)
            break;
        for (i=below; i >=top; i--) {
            res[x++]=a[i][left];
        }
        if (++left>right)
            break;
    }
    for (i=0; i<M*N; i++) {
        printf("%d ", res[i]);
    }
    return 0;
}
```

案例 3-20　矩阵的最小路径和

【问题描述】输入一个 $M \times N$ 矩阵，从左上到右下移动，寻找元素之和最小的路径，并输出这个最小路径和。其中，每次只能向右和向下移动。

【输入 1】

```
2 3
1 2 3
4 5 6
```

【输出 1】

```
12
```

【输入 2】

```
4 4
1 5 4 7
2 4 5 8
3 5 4 0
5 9 5 6
```

【输出 2】

```
21
```

【问题解析】运用动态规划的方式去解题，用 dp[i][j]代表到达[i][j]位置所得的最小路径和。

【参考代码】

```c
#include<stdio.h>
int main() {
    int a[100][100], dp[100][100];
    int M, N, i, j;
    scanf("%d %d", &M, &N);
    for (i=0; i<M; i++) {
        for (j=0; j<N; j++) {
            scanf("%d", &a[i][j]);
        }
    }
    dp[0][0]=a[0][0];
    for (i=0; i<M; i++) {
        for (j=0; j<N; j++) {
            if (i ==0 && j ==0)
                continue;
            if (i ==0) {
                dp[i][j]=dp[i][j-1]+a[i][j];
            } else if (j ==0) {
                dp[i][j]=dp[i-1][j]+a[i][j];
```

```
        } else {
            if (dp[i-1][j]<dp[i][j-1]) {
                dp[i][j]=dp[i-1][j]+a[i][j];
            } else {
                dp[i][j]=dp[i][j-1]+a[i][j];
            }
        }
    }
}
printf("%d", dp[M-1][N-1]);
rcturn 0;
}
```

案例 3-21 插入字符

【问题描述】输入一个字符串，然后在指定位置（下标大于或等于 0 且小于字符串长度）插入新字符，并输出插入新字符后的字符串。

【输入 1】

hello world

6 m

【输出 1】

hello mworld

【输入 2】

hello world

0 m

【输出 2】

mhello world

【参考代码】

```
#include<stdio.h>
#include<string.h>
int main()
{
    char s[200],ch;
    int i,index;
    gets(s);
    scanf("%d\n",&index);    //输入指定的下标
    scanf("%c",&ch);    //新字符
    for(i=strlen(s)+1;i>index;i--){
        //后面的元素依次后移一位
        s[i]=s[i-1];
    }
```

```
    s[index]=ch;    //插入字符
    puts(s);
    return 0;
}
```

案例 3-22 逆序输出字符串

【问题描述】输入一个字符串（长度不大于100），以回车结束，将该字符串逆序输出。

【输入】

Hello World!

【输出】

!dlroW olleH

【问题解析】此题考查字符串的操作，字符串逆序就是将字符串中前、后对应位置的字符进行交换。

【参考代码】

```
#include<stdio.h>
#include<string.h>
int main()
{
    char str[100],temp;
    gets(str);
    int len=strlen(str);
    int i;
    for(i=0;i<len/2;i++){//交换
        temp=str[i];
        str[i]=str[len-i-1];
        str[len-i-1]=temp;
    }
    for(i=0;i<len;i++){
        printf("%c",str[i]);
    }
    return 0;
}
```

案例 3-23 翻转句子中的单词

【问题描述】输入一个英文句子，单词之间用一个空格隔开。将每个单词均进行翻转，然后输出单词翻转后的句子。

【输入】

Study hard and work hard!

【输出】

ydutS drah dna krow !drah

【问题解析】根据空格判断上一个单词是否结束，并且最后一个单词需要进行额外处理。

【参考代码】

```c
#include <stdio.h>
#include <string.h>
int main()
{
    int i, j, start=0, end=0;
    char s[1000];
    gets(s);
    int n=strlen(s);
    for (i=0; i<n; i++){
        if (s[i]==' ' || i==n-1){
            //空格
            end=(i==n-1) ? i : i-1;
            //翻转该单词
            for (j=start; j<=(start+end)/2; j++){
                char ch=s[j];
                s[j]=s[start+end-j];
                s[start+end-j]=ch;
            }
            start=i+1;
        }
    }
    puts(s);
    return 0;
}
```

案例 3-24 回文字符串

【问题描述】输入一个字符串，判断这个字符串是否为回文字符串，如果是则输出 Yes，否则输出 No。字符串中可包含数字或英文字母（区分大小写），且字符串长度不大于 100。

【输入 1】abcdhbc

【输出 1】No

【输入 2】abdhhdba

【输出 2】Yes

【问题解析】回文字符串是指正读和反读都一样的字符串。

【参考代码】

```c
#include<stdio.h>
#include<string.h>
int main(){
    char str[100];
    scanf("%s",&str);
    int i = 0;
    int n = strlen(str);
    if(n==0 || n==1){
        printf("Yes");
        return 0;
    }
    while(i <= n/2){
        if(str[i] != str[n-i-1]){
            printf("No");
            return 0;
        }
        i++;
    }
    printf("Yes");
    return 0;
}
```

案例 3-25 替换空格

【问题描述】输入一个字符串，且字符串长度不大于 100，把字符串中的空格全部替换成 "%20" 后输出。

【输入 1】hello world!

【输出 1】hello%20world!

【输入 2】This is a sentence.

【输出 2】This%20is%20a%20sentence.

【参考代码】

```c
#include<stdio.h>
#include<string.h>
int main()
{
    char s[100]="";
    gets(s);
    char s1[300];
    int n = strlen(s);
    int i=0, j=0;
```

```c
    while(i<n){
        if(s[i]==' '){
            s1[j++]='%';
            s1[j++]='2';
            s1[j++]='0';
        }else{
            s1[j++]=s[i];
        }
        i++;
    }
    printf("%s",s1);
    return 0;
}
```

【参考解释】输入带有空格的字符串，用 gets() 更合适。另外，新字符数组的声明空间应为原来的三倍。

案例 3-26　英文字母大写转小写 2

【问题描述】输入一个字符串，且字符串长度不大于 100，把字符串中的大写英文字母全部转换成小写英文字母，然后输出。

【输入 1】AbcDe

【输出 1】abcde

【输入 2】ABCUHN.

【输出 2】abcuhn.

【参考代码】

```c
#include<stdio.h>
#include<string.h>
int main()
{
    char s[100];
    gets(s);
    int n = strlen(s);
    int i;
    for(i = 0; i<n; i++){
        if(s[i]>='A' && s[i]<='Z')
            s[i] += 32;
    }
    printf("%s",s);
    return 0;
}
```

案例 3-27　句子中最长的单词

【问题描述】输入一个句子，输出所有单词中最长单词的长度。

【输入】hello world

【输出】5

【参考代码】

```c
#include<stdio.h>
#include<string.h>
int main() {
    char s[1000];
    gets(s);
    int i = 0, max = 0, temp = 0;
    int n = strlen(s);
    while(i<n){
        if(s[i] == ' '){
            if(temp > max){
                max = temp;
            }
            temp = 0;
        }
        else{
            temp++;
        }
        i++;
    }
    if(temp > max)
        max = temp;//最后一个单词
    printf("%d",max);
    return 0;
}
```

案例 3-28　英文字母大小写检查

【问题描述】输入一个英文单词（其长度小于 100），判断单词中英文字母大小写的使用是否合理，若合理则输出 Yes，否则输出 No。使用合理的判断条件是：（1）全是大写英文字母。（2）全是小写英文字母。（3）只有开头第一个字母是大写英文字母，其余均为小写英文字母。

【输入 1】HELLO

【输出 1】Yes

【输入2】MinOr

【输出2】No

【参考代码】

```c
#include<stdio.h>
#include<string.h>
int main() {
    char s[100];
    gets(s);
    int n=strlen(s);
    if(n==1){
        printf("Yes");
        return 0;
    }
    int i, count=0;//count 记录小写英文字母个数
    if(s[0]>='A' && s[0]<='Z'){    //首字母大写
        for(i=1;i<n;i++){
            if(s[i]>='a' && s[i]<='z'){
                count++;
            }
        }
        if(count==0 || count+1==n){
            printf("Yes");
        }else{
            printf("No");
        }
    }else{
        //首字母小写
        count=0;
        for(i=1;i<n;i++){
            if(s[i]>='a' && s[i]<='z'){
                count++;
            }
        }
        if(count+1==n){
            printf("Yes");
        }else{
            printf("No");
        }
    }
    return 0;
}
```

案例 3-29　统计字符和变化

【问题描述】输入一行英文单词，单词间以一个或多个空格分隔，先统计其中单词的个数，并将首字母小写的单词改为首字母大写，然后分两行依次输出单词的个数和改写后的英文单词。

【输入】

shanghai university

【输出】

2

Shanghai University

【参考代码】

```c
#include <stdio.h>
#include <string.h>
int main()
{
    char s[100];
    gets(s);
    int i;
    int cnt = 0;
    for(i = 0;i < strlen(s);i++)
        if(s[i] != ' '){
            if(s[i] >= 'a' && s[i] <= 'z')
                s[i] -= 32;
            while(s[i] != ' ')
                i++;
            cnt++;
        }
    printf("%d\n",cnt);
    printf("%s\n",s);
    return 0;
}
```

案例 3-30　浮点数规范输出

【问题描述】输入一个浮点数，但是有可能输入格式不规范或者是非法字符，处理这些字符后输出浮点数（至少保留1位小数）。

【输入1】1234.5678

【输出1】1234.5678

【输入2】0001234.5678000

【输出 2】1234.5678

【输入 3】12abc34.5678

【输出 3】Error

【输入 4】1234.56.78

【输出 4】Error

【输入 5】0000000.005678000

【输出 5】0.005678

【输入 6】0001230000.00000

【输出 6】1230000.0

【参考代码】

```c
#include <stdio.h>
int main(){
    int i,j,n=0,m=0,k=0,tmpdot=0;
    char str[100];
    i=0;
    while((str[i]=getchar())!='\n')
    {
        if(str[i]=='.')
        {
            k=i;
            tmpdot++;
        }
        i++;
    }
    str[i]='\0';
    if (tmpdot>1){
        printf("Error");
        return 0;
    }
```

```c
    for(j=0;str[j]!='\0';j++)
        if((str[j]<'0'||str[j]>'9')&&str[j]!='.'){
            printf("Error");
            return 0;
        }
    //查询第一个不是 0 的数的位置
    for(j=0;str[j]!='\0';j++)
        if(str[j]!='0'&&str[j]!='.'){
            n=j;
            break;
        }
    if(n>k)
    {
        n=k-1;
    }
    //查询最后一个不是 0 的数的位置
    for(j=i-1;j>=0;j--)
        if(str[j]!='0'&&str[j]!='.'){
            m=j;
            break;
        }
    if(m<k)
    {
        m=k+1;
    }
    for(j=n;j<=m;j++)
        printf("%c",str[j]);
    return 0;
}
```

3.3 习　题

一、选择题

1. 定义数组 int a[6]={1,2,3,4,5,6};，则执行 for(i=0;i<6;i++)printf("%d",a[++i]);后输出的结果是_____。

  A）1 2 3   B）2 4 6   C）2 3 4   D）编译出错

2. 以下正确定义数组并正确赋初值的语句是_____。

  A）int N=5,b[N][N];   B）int a[1][2]={{1},{3}};

  C）int c[2][]={{1,2}{3,4}};   D）int d[3][2]={{1,2},{3,4}};

3. 下列程序的输出结果是_____。

```
main()
{   int k=3,a[2];
    a[0]=k;k=a[1]*10;
    printf("%d\n",k);
}
```

  A）10   B）30   C）33   D）不定值

4. 若有定义 static int Num[8];，则对于 Num 数组中元素的初值，以下说法正确的是_____。

  A）Num[0]为 0，其余值不确定   B）部分为 0，其余值不确定

  C）所有值不确定   D）均为 0

5. 以下对一维整型数组 a 的正确说明是_____。

  A）int a(10)；   B）int n=10,a[n];

  C）int n;   D）#define n 10; int a[n];

6. 以下不能对一维数组 a 进行正确初始化的语句是_____。

  A）int a[10]={0,0,0,0,0};   B）int a[10]={} ;

  C）int a[ ] = {0} ;   D）int a[10]={10>1} ;

7. 若有定义 static int Num[3]={24};，则 Num[1]*10 的值是_____。

  A）24   B）0   C）240   D）10

8. 若有定义 int Score[10];，则正确调用数组元素的是_____。

  A）Score[10]   B）Score(1)   C）Score[2,3]   D）Score[10-10]

9. 有一个数组 int num[ ][4]={11,12,13,14,15,16,17,9,8,7,6,5}，执行语句 scanf("%d",&num[2][3]); 后，数组中的值应为_____（键盘输入 0）。

  A）11,12,13,14,0,0,0,0,0,0,0,0   B）11,12,13,14,15,16,17,9,8,7,6,0

  C）11,12,13,14,15,16,0,8,7,6,5   D）11,12,13,14,15,16,17,9,8,7,6,5

10. 下列定义中正确的是_____。

  A）int a(10);   B）int a[0]={0*4};

  C）float a[10]={0};   D）float a[5]={2,3,4,1.2,3,6};

11. 以下数组定义中不正确的是_____。

  A）int a[2][3];   B）int b[ ][3]={0,1,2,3};

  C）int c[100][100]={0};   D）int d[3][ ]={{1,2},{1,2,3},{1,2,3,4}};

12. 在数组初始化时，_____。

  A）必须对全部数组的元素赋初值

B）可以对全部或部分元素赋初值

C）可以对部分元素赋初值，其余元素自动为 1

D）只能对部分元素赋初值

13．在 C 语言中，当数组名作为函数的参数时，它传递给函数的是_____。

    A）数组的首地址　　　　　　　　　　　　B）数组的第一个元素值

    C）数组最后一个元素的地址　　　　　　　D）数组最后一个元素的值

14．下面程序的输出结果为_____。

```
int a[3][3]={{1,2,3},{4,5,6},{7,8,9}};
main()
{   int i;
    for(i=0;i<3;i++)
        printf("%d",a[i][2-i]);    }
```

    A）1 5 9　　　　　　B）3 5 7　　　　　　C）4 5 6　　　　　　D）2 5 8

15．若有定义 int Num[ ][3]={2,4,6,8,10,12}；则 Num[1][1]的值是_____。

    A）8　　　　　　　B）4　　　　　　　C）2　　　　　　　D）10

16．若二维数组 Num 共有 Row 行 Col 列，则 Num[i][j]之前有_____个元素。

    A）i*Row+j+1　　　B）i*Col+j　　　　C）i*Row+j　　　　D）i*Col+j+1

17．若有定义 int a[2][3]；，则对 a 数组中元素正确引用的是_____。

    A）a[2][3]　　　　B）A[2][1]　　　　C）a[0][3]　　　　D）a[1][1<2?1:2]

18．若有说明 int a[][4]={0,0}；，则下面不正确的叙述是_____。

    A）数组 a 的每个元素都可得到初值 0

    B）二维数组 a 的第一维大小为 1

    C）因为二维数组 a 中初值个数除以第二维大小的值的商向上取整为 1，故数组 a 行数为 1

    D）只有元素 a[0][0]和 a[0][1]可得到初值 0，其余元素均得不到初值 0

19．若二维数组 a 有 m 列，则计算任一元素 a[i][j]（设 a[0][0]位于数组的第一个位置处）在数组中位置的表达式为_____。

    A）i*m+j　　　　　B）j*m+i　　　　　C）i*m+j-1　　　　D）i*m+j+1

20．若有以下说明和语句，则输出结果是_____。

```
char s[12]= "a book!";
printf("%s",s+2);
```

    A）a book!　　　　　　　　　　　　　　　B）book!

    C）a　　　　　　　　　　　　　　　　　　D）因格式描述不正确，没有确定的输出

21．不正确的字符串赋值或赋初值方式是_____。

    A）char ste[ ]={'s', 't', 'r', 'I', 'n', 'g', '\0'};

    B）char ste[ ]={ 's', 't', 'r', 'I', 'n', 'g'};

    C）char str1[10];str1="string";

    D）char str1[ ]="string",str2[ ]="12345678";

22．若有声明语句 char C[10]={'a', 'z', 'l'},N[3][10]={"and","char","789576"};，则以下的操作中可能出现越界访问的是_____。

    A）printf("%s",N[10]);　B）printf("%s",N[0]);　C）printf("%s",C);　　　D）printf("%s",N);

23．若有以下说明和语句，则输出结果是_____。

```
char str[ ]="\"c:\\abc.dat\"";
printf("%s",str);
```
A）字符串中有非法字符 　　　　　　　B）\"c:\\abc.dat\"

C）"c:\abc.dat" 　　　　　　　　　　D）c:\\abc.dat

24．有一个数组 char str[60]，将字符串" windows"存放到此数组中的正确语句是_____。

A）get(str); 　　　B）scanf("%s",str); 　　　C）scanf("%s", &str); 　　D）puts(str);

25．_____可以判断字符串 str1 是否大于字符串 str2。

A）if(str1>str2) 　　　　　　　　　　B）if(strcmp(str1,str2))

C）if(strcmp(str1,str2)>0) 　　　　　　D）if(strcmp(str1,str2)>0)

26．若定义 char x[]="abcdefg";char y[]={'a', 'b', 'c', 'd', 'e', 'f', 'g'};，则正确的表述是_____。

A）数组 x 和数组 y 等价 　　　　　　B）数组 x 和数组 y 的长度相同

C）数组 x 的长度大于数组 y 的长度 　　D）数组 x 的长度小于数组 y 的长度

27．对于 int i; char c, s[20];，从输入序列 123ab45efg 中将 123 读入 i, 'b'读入 c, "45efg"读入 s，则 scanf 语句应写为_____。

A）scanf("%da%c%s", i, c, s) 　　　　　B）scanf("%d%*c%c%s",&i, &c, s);

C）scanf("%da%c%s", &i,&c,&s) 　　　　D）scanf("%d%c%c%s", &i, &c, s);

28．如果 char cc[]="12345"，进行 sizeof(cc)操作后的返回值应为_____。

A）2 　　　　　　B）5 　　　　　　C）6 　　　　　　D）1

29．有两个字符数组 a 和 b，以下正确的输入语句是_____。

A）gets(a,b); 　　　　　　　　　　　B）scanf("%s%s",a,b);

C）scanf("%s%s",&a,&b); 　　　　　　D）gets("a"),gets("b");

30．判断字符串 a 和 b 是否相等，应当使用_____。

A）if (a= =b) 　　　　　　　　　　　B）if (a=b)

C）if (strcpy(a,b)) 　　　　　　　　　D）if (strcmp(a,b)==0)

二、填空题

1．数组中的元素类型必须_____，并由数组名和_____唯一确定。

2．若有 double m[20];，则数组 m 中元素的最小下标是_____，最大下标是_____。

3．在 C 语言中，二维数组元素在内存中的存放顺序是按_____存放的。

4．若有 int Num[8][8];，则第 10 个数组元素是_____。

5．若有 int i=2,t[ ][3]={9,8,7,6,5,4,3,2,1};，则 t[2-i][i]的值是_____。

6．若有 int a[3][5]={{1,2,3,4},{3,2,1,0},{0}};，则初始化后，a[1][2]的值是_____，a[2][1]的值是_____。

7．若 a 被定义为二维数组，它有 m 列，则 a[i][j]在数组中的位置是_____。

8．若有 char str1[10],str2[20];，则 strcmp(str1,str2)返回 0 表示_____。

9．若有 char Array[ ][8]={"China","USA","UK",};，则数组 Array 所占的内存为_____字节。

10．若有 static char str[4][20]={"thank","you","very","much!"};，则 str 数组中存储\0'的数组元素有_____个。

11．已知数组 a 中的元素已按由小到大顺序排列，以下程序的功能是将输入的一个数插入数组 a 中，插入后，数组 a 中的元素依然由小到大顺序排列。在画线处补全代码。

```
        int main()
        {
            int a[10]={1,12,17,20,25,28,30};    /*a[0]为工作单元，从 a[1]开始存放数据*/
            int x,i,j=6;                         /*j 为元素个数*/
            printf("Enter a number: ");
            scanf("%d",&x);
            a[0]=x;
            i=j;                                 /*从最后一个单元开始*/
            while(a[i]>x)
            {  a[____(1)____]=a[i];  ____(2)____;} /*将比 x 大的数往后移一个位置*/
            a[++i]=x;
            ____(3)____;
            for(i=1;i<=j;i++) printf("%8d",a[i]);
            printf("\n");
            return 0;
        }
```

12. 以下程序的输出结果是_____。

```
        #include <stdio.h>
        int main( )
        {
            int i,n[4]={1};
            for(i=1;i<=3;i++){
                n[i]=n[i-1]*2+1;
                printf("%d ",n[i]);
            }
            return 0;
        }
```

13. 以下程序的输出结果是_____。

```
        int main( )
        {
            int p[7]={11,13,14,15,16,17,18},i=0,k=0;
            while(i<7&&p[i]%2){
                k=k+p[i];
                i++;
            }
            printf("%d\n",k);
            return 0;
        }
```

14. 假定 int 类型变量占用 2 字节，若有定义 int x[10]={0,2,4};，则数组 x 在内存中所占字节数是_____。

15. 以下程序的输出结果是_____。

```c
int main()
{
    int a[3][3]={1,2,3,4,5,6,7,8,9},m,k,t;
    for(m=0;m<=2;m++)
        for(k=0;k<=m;k++)
            if((m+k)%2)
                t=a[m][k],a[m][k]=a[k][m],a[k][m]=t;
    for(m=0;m<3;m++)
        for(k=0;k<3;k++)
            printf("%d ",a[m][k]);
    return 0;
}
```

16. 执行完下列语句段后，i 值为_____。

```c
static int a[3][4]={{1,2,3},{4,5,6}}, i;
i= a[0][5];
```

17. 以下程序的输出结果是_____。

```c
int k,a[3][3]={1,2,3,4,5,6,7,8,9};
for (k=0;k<3;k++)
    printf("%d ",a[k][2-k]);
```

18. 以下程序的输出结果是_____。

```c
int main()
{
    char w[ ][10]={"ABCD","EFGH","IJKL","MNOP"},k;
    for(k=1;k<3;k++) printf("%s    ",&w[k][k]);
    return 0;
}
```

19. 请读程序：

```c
#include<string.h>
int main()
{
    char s[20],t[20],min[20];
    scanf("%s",s);
    scanf("%s",t);
    if(strcmp(s,t)<0) strcpy(min,s);
    else strcpy(min,t);
    printf("%s\n",min);
    return 0;
}
```

若分别输入 candy 和 ann，则上面程序的输出结果是_____。

20. 执行下列语句，输出结果是_____。

```
        printf("%d", strlen("this\t\\a\078string\n"));
```

21．以下程序的输出结果是_____。

```
    #include <stdio.h>

    int main()

    {
        char a[10]="ABCD", b[10]="12345678";

        int   i, j=1;

        for(i=3; b[i-1]!='\0'; i++) a[i]=b[i-1];

        a[--i]='\0';

        printf("Result    [1] ");

        puts(a);

        while ( a[j++] != '\0' )

            b[j]=a[j];

        printf("Result    [2] ");

        puts(b);

        return 0;

    }
```

习题参考答案

一、选择题

1．B   2．D   3．D   4．D   5．D   6．B   7．B   8．D   9．B   10．C

11．D   12．B   13．A   14．B   15．D   16．B   17．D   18．D   19．D   20．B

21．C   22．A   23．C   24．B   25．C   26．C   27．B   28．C   29．B   30．D

二、填空题

1．相同；下标   2．0；19   3．行   4．Num[1][1]

5．7   6．1；0   7．i*m+(j+1)   8．str1 与 str2 相等

9．24   10．63   11．（1）i+1；（2）--i；（3）++j   12．3 7 15

13．24   14．20   15．1 4 3 2 5 8 7 6 9   16．5

17．3 5 7   18．FGH KL   19．ann   20．16

21．Result   [1] ABC34567
    Result   [2] 12C34567

第4章 函　数

4.1　知　识　点

函数是构成 C 程序的基本单位，一个 C 程序至少包含一个主函数，稍大的 C 程序还应该包含用户自定义函数。本章主要讲解用户自定义函数的使用。用户自定义函数就是由用户按需要写的函数。

4.1.1　函数的定义

函数定义一般形式如下：

```
类型标识符  函数名(形参表)
{
    函数体
}
```

① 一个 C 程序可以包含若干个用户自定义函数，但主函数只能有一个。各个函数在定义时是彼此独立的。

② 形式参数（简称形参）本质上就是变量，从函数定义形式来看，形参之所以要放在形参表中而非函数体内定义，可以理解为：被调函数需要通过参数从主调函数获得数据信息，反之则形参表为空或加上 void。

③ 函数可用 return 语句返回运算结果给主调函数："return 表达式;" 且只能返回一个值。如果无返回值，return 后可以不加表达式或省略 return 语句。类型标识符一般与 return 语句中表达式的数据类型相同。如果函数没有返回值，则类型标识符可以写为 void。

④ 函数执行结束是指，执行 return 语句后结束，或者执行最外层右花括号 "}" 前面的语句后结束。

4.1.2　函数调用

函数调用一般形式如下：

```
函数名(实参列表)
```

① 任何 C 程序，都是从主函数 main() 开始执行的，函数在执行时可以相互调用，但其他函数不能调用主函数。

② 函数只有在被调用时，其形参和局部变量才被定义和分配内存单元，并且是独立的。因此，即使形参名与其主调函数中的变量重名，它们在内存中也不是一个地址，形参所占用的内存单元在函数结束时会被自动释放。

③ 函数调用方式有三种：
- 函数调用作为一个独立语句，这种方式不要求函数有返回值或者不需要用到函数返回值。
- 函数调用出现在一个表达式中，这种方式要求函数必须返回一个明确的值。
- 函数调用作为另一次函数调用的实际参数（简称实参），这种方式要求函数必须返回一个明确的值。

④ 函数体中可以有多个 return 语句，最多只能执行一个 return 语句，无论执行哪个 return

语句都会结束函数的执行，并返回调用处。

⑤ C 语言的函数参数传递方式分为单向的值传递和双向的地址传递。

在值传递方式中，有确定值的实参把值传递给形参后，两者不再有任何关系，形参的值改变不会影响实参。数组元素作为实参相当于变量作为实参，在函数调用中也采用值传递方式。

在地址传递方式中，实参（变量、数组元素的地址或数组名）赋值给形参（指针或数组），因此，形参指向实参中的变量，在被调函数中对形参所指向的变量访问就是对实参的访问。

4.2 案例实践

案例4-1 复杂数学公式计算

【问题描述】使用 math.h 库提供的函数，实现如下复杂数学公式计算：

$$\frac{\sqrt{x^{2.7}+|y|^x}}{\log_x(y)}$$

【输入】1.2, 2.4
【输出】0.441546
【参考代码】

```c
#include <stdio.h>
#include <math.h>
int main()
{
    double x,y,s=0;
    scanf("%lf,%lf",&x,&y);
    s=sqrt(pow(x,2.7)+pow(fabs(y),x))/(log10(y)/
        log10(x));
    printf("%lf",s);
    return 0;
}
```

案例4-2 级数的近似值

【问题描述】求下列级数的近似值：

$$s(x) = x - \frac{x^3}{3\times 1!} + \frac{x^5}{5\times 2!} - \frac{x^7}{7\times 3!} + \cdots$$

x 的值由键盘输入，约定求和精度为 10^{-6}。

【输入】2
【输出】0.882081
【参考代码】

```c
#include <stdio.h>
double c_fact(int n)
{
    double ret = 1;
    for(int i=1;i<=n;i++)
        ret *= i;
    return ret;
}
double c_pow(double x,double y)
{
```

```c
    int i;
    double r = 1;
    for(i = 1;i <=y; i++)
    {
        r=r*x;
    }
    return r;
}

int main()
{
    double x,result,temp;
    int i=1;
    scanf("%lf",&x);
    result=x;
    while(1)
    {
        temp=c_pow(x,2*i+1)/((2*i+1)*c_fact(i));
        if(temp <1e-6)
            break;
        if(i%2==0)
            result+=temp;
        else
            result+=-1*temp;
        i++;
    }
    printf("%lf\n",result);
    return 0;
}
```

案例4-3 哥德巴赫猜想

【问题描述】验证哥德巴赫猜想：任何一个大于 6 的偶数均可表示为两个素数之和。例如，6=3+3, 8=3+5, …, 18=5+13。要求：将在 6～100 范围内的偶数都表示为两个素数之和，输出时一行 5 组。若有多组结果满足条件，则输出第一个被加素数最小的情况，例如，对于 14=3+11 和 14=7+7，输出前一种情况。

【输出】

```
 6= 3+ 3    8= 3+ 5   10= 3+ 7   12= 5+ 7   14= 3+11
16= 3+13   18= 5+13   20= 3+17   22= 3+19   24= 5+19
26= 3+23   28= 5+23   30= 7+23   32= 3+29   34= 3+31
36= 5+31   38= 7+31   40= 3+37   42= 5+37   44= 3+41
46= 3+43   48= 5+43   50= 3+47   52= 5+47   54= 7+47
56= 3+53   58= 5+53   60= 7+53   62= 3+59   64= 3+61
66= 5+61   68= 7+61   70= 3+67   72= 5+67   74= 3+71
76= 3+73   78= 5+73   80= 7+73   82= 3+79   84= 5+79
86= 3+83   88= 5+83   90= 7+83   92= 3+89   94= 5+89
96= 7+89   98=19+79  100= 3+97
```

【参考代码】

```c
#include<math.h>
#include<stdio.h>
int fun(int n)
{
    int i;
    if(n==2)
        return 1;        //n 是 2，返回 1
    if(n%2==0)
        return 0;        //n 是偶数，不是素数，返回 0
    for(i=3; i<=sqrt(n); i+=2)
        if(n%i==0)
            return 0;    //n 是奇数，不是素数，返回 0
    return 1;            //n 是除 2 以外的素数返回 1
}
int main()
{
    int i,j;
    int tmp=0;
    for(i=6; i<=100; i=i+2)
    {
        for(j=2; j<=i; j++)
        {
            if(fun(j)&&fun(i-j))
            {
                printf("%2d=%2d+%2d ", i, j, i-j);
                tmp++;
                if(tmp%5==0)
                    printf("\n");
                break;
            }
        }
    }
    return 0;
}
```

案例 4-4　求 n 个数中的最大值

【问题描述】求 n 个数中的最大值。

【输入 1】

6

1 2 3 4 5 8

【输出 1】

8

【输入 2】

8

12 5 16 13 8 5 9 10

【输出 2】

16

【参考代码】

```c
#include<stdio.h>
int fun(int n,int a[])
{
    int j;
    int max=a[0];
    for(j=1; j<n; j++) {
        if(a[j]>max)
            max=a[j];
    }
    return max;
}
int main()
{
    int n,a[1000],i;
    scanf("%d",&n);
    for(i=0; i<n; i++) {
        scanf("%d",&a[i]);
    }
    printf("%d",fun(n,a));
    return 0;
}
```

案例 4-5　组成整数的数字之和

【问题描述】写一个函数 DigitSum(n)，输入一个非负整数，输出组成它的数字之和，即输出各位上的数字之和。例如，调用 DigitSum(1729)，则应该返回 1+7+2+9 的结果，就是 19。

【输入1】请输入一个非负整数：1234

【输出1】10

【输入2】请输入一个非负整数：1998

【输出2】27

【问题解析】将整数各位上的数字逐个取出来，先取个位上的数字，取完后退位（将数字除以 10），再取十位上的数字，这样依次取出所有的数字。最后进行求和操作，并返回它们的和。

【参考代码】

```
#include<stdio.h>
int DigitSum (int n)
{
    int sum = 0;
    while(n)
    {
        sum += n%10;
        n = n/10;
    }
    return sum;
}
int main()
{
    int n;
    printf("请输入一个非负整数：\n");
    scanf("%d",&n);
    printf("%d", DigitSum(n));
    return 0;
}
```

案例 4-6 猴子摘桃

【问题描述】猴子第一天摘下若干个桃子，当即吃了一半，还不过瘾，又多吃了一个。第二天早上将剩下的桃子吃掉一半，又多吃了一个。以后每天早上都吃前一天剩下的一半再加一个。到第 10 天早上再想吃时，只剩一个桃子了。问第一天共摘了多少桃子？要求：反向输出每天剩下桃子个数。

【输出】

第 10 天剩下桃子 1 个

第 9 天剩下桃子 4 个

第 8 天剩下桃子 10 个

第 7 天剩下桃子 22 个

第 6 天剩下桃子 46 个

第 5 天剩下桃子 94 个

第 4 天剩下桃子 190 个

第 3 天剩下桃子 382 个

第 2 天剩下桃子 766 个

第 1 天所剩桃子 1534 个

【问题解析】采取逆向思维的方法，从后往前推断，可得到递推公式。令 $x_{10} = 1$，根据题意容易得出 $x_9 = 2(x_{10} + 1)$，其余类推，可以得到 $x_n = 2(x_{n+1} + 1)$，逐个输出每天所剩下的桃子。

【参考代码】

```
#include <stdio.h>
void fun(int n)
{
    int sum=1,i;
    for(i=1;i<n;i++)
    {
        sum=2*(sum+1);
        //按天数计算剩下桃子个数
        printf("第%d 天剩下桃子%d 个\n", n-i, sum);
    }
}
int main()
{
    int day;
    scanf("%d",&day);
    printf("第%d 天剩下桃子 1 个\n", day);
    fun(day);
    return 0;
}
```

案例 4-7 左移数组元素

【问题描述】输入 N（$N=10$）个整数（存入数组 a 中），再输入一个整数 x，编写函数，实现将数组元素全部循环左移 x 个位置后输出。要求：在主函数中输入数组 a 中的元素，然后输出移位后的全部数组元素。在被调函数中实现循环左移 x 个位置。

【输入】

Enter 10 integers: 1 2 3 4 5 6 7 8 9 10

Enter x: 3

【输出】

After circle left shift 3 bit: 4 5 6 7 8 9 10 1 2 3

【参考代码】

```c
#include<stdio.h>
#define N 10
void fun(int a[],int n,int x)
{
    int i,j,k;
    x=x%N;    //节省移动次数
    for ( i=0;i<x;i++ )
    {
        k=a[0];
        for ( j=0;j<n-1;j++ )
        {   //将 a[0]后面的所有元素向左移动一位
            a[j]=a[j+1];
        }
        a[n-1]=k;   //把移动之前的首项放入数组末尾
    }
}
int main()
{
    int a[N],i,x;
    printf("Enter %d integers: ",N);
    for ( i=0;i<N;i++ )
    {
        scanf("%d",&a[i]);
    }
    printf("Enter x: ");
    scanf("%d",&x);
    fun(a,N,x);
    printf("After Circle left shift %d bit: ",x);
    for ( i=0;i<N;i++ )
    {
        printf("%d ",a[i]);
    }
    printf("\n");
    return 0;
}
```

案例 4-8 合并有序数组

【问题描述】将两个已按升序排列的整数数组合并成一个升序数组。要求：在主函数中输入两个数组，并输出合并后的结果，在被调函数中实现合并。

【输入】

Enter n: 5

Enter 5 integers: 3 5 7 10 22

Enter m: 7

Enter 7 integers: 1 3 9 12 17 18 22

【输出】

1 3 3 5 7 9 10 12 17 18 22 22

【参考代码】

```c
#include<stdio.h>
void bin(int n,int a[],int m,int b[])
{
    int c[200];
    int i,j;
    for(i=0;i<n;i++)
    {
        c[i]=a[i];
    }
    for(i=n;i<n+m;i++)
    {
        c[i]=b[i-n];
    }
    for(i=0;i<m+n;i++)
    {
        for(j=0;j<m+n;j++)
        {
            if(c[i]<c[j])
            {
                int t;
                t=c[i];
                c[i]=c[j];
                c[j]=t;
            }
        }
    }
    for(i=0;i<n+m;i++)
    {
```

```
        printf("%4d",c[i]);
    }
}

int main()
{
    int a[100],b[100];
    int m,n;
    printf("Enter n: ");
    scanf("%d",&n);
    printf("Enter %d integers: ",n);
    int i;
    for(i=0;i<n;i++)
    {
        scanf("%d",&a[i]);
    }
    printf("Enter m: ");
    scanf("%d",&m);
    printf("Enter %d integers: ",m);
    for(i=0;i<m;i++)
    {
        scanf("%d",&b[i]);
    }
    bin(n,a,m,b);
    return 0;
}
```

案例 4-9　剪绳子

【问题描述】有一根长度为 n 的绳子，要把绳子剪成整数长度的 m 段（m 和 n 都是整数，$n>1$ 且 $m>1$），第 i 段绳子的长度记为 $k[i]$（$0\leqslant i<m$），请问 m 段绳子长度的乘积最大是多少？

【输入1】8

【输出1】18

【输入2】2

【输出2】1

【问题解析】假设输入为 8，那么有 8=2+3+3，$2\times3\times3=18$。假设输入为 2，那么有 2=1+1，$1\times1=1$。提示：将绳子以尽可能相等的长度分为多段，得到的乘积最大。

【参考代码】

```
#include<stdio.h>
int c_pow(int x,int y)
{
    int i,r = 1;
    for(i = 1;i <=y; i++)
    {
        r=r*x;
    }
    return r;
}
int main(){
    //尽可能用 3 来进行分割
    //最后一段剩 1，将前一个 3 分出一个 2
    //将 3+1 变成 2+2
    int n,count,t;
    scanf("%d",&n);
    if(n==2){
        printf("1");
        return 0;
    }
    if(n==3){
        printf("2");
        return 0;
    }
    if(n==4){
        printf("4");
        return 0;
    }
    count=n/3;  //最多可由多少个 3 组成
    t=n%3;  //余数
    if(t==0){
        printf("%d", c_pow(3,count));
    }
    else if(t==1){
        printf("%d", c_pow(3,count-1)*4);
    }else{
        printf("%d", c_pow(3,count)*t);
    }
    return 0;
}
```

案例 4-10　求两个集合的交集

【问题描述】输入两个由整型数构成的集合（元素个数均为 5），分别放到数组 A 和 B 中，求这两个集合的交集（交集中的元素由两个集合中的相同元素构成），最后输出交集中的元素。要求：在主函数中输入数组 A 和 B 中的元素，并输出交集中的元素，在被调函数中实现求这两个集合的交集。

【输入 1】

Please Enter Array A, 5 digits: 1 2 3 4 5

Please Enter Array B, 5 digits: 3 4 5 9 8

【输出 1】

A B intersection is: 3 4 5

【输入 2】

Please Enter Array A, 5 digits: 12 13 2 5 9

Please Enter Array B, 5 digits: 12 5 9 16 45

【输出 2】

A B intersection is: 12 5 9

【问题解析】定义函数

intersection(int a[],int b[])

将两个集合分别放到数组 A 和 B 中，对比并输出两个数组中相同的元素。

然后在主函数中调用

intersection(int a[],int b[])

可以得到两个集合的交集。

【参考代码】

```c
#include<stdio.h>
void intersection(int a[],int b[])
{
    int i,j;
    for(i=0;i<5;i++)
    {
        for(j=0;j<5;j++)
        {
            if(a[i]==b[j])
                printf("%d ",a[i]);
        }
    }
}
```

```c
int main()
{
    int a[5],b[5];
    int i;
    printf("Please Enter Array A, 5 digits: ");
    for(i=0;i<5;i++)
    {
        scanf("%d",&a[i]);
    }
    printf("Please Enter Array B, 5 digits: ");
    for(i=0;i<5;i++)
    {
        scanf("%d",&b[i]);
    }
    printf("A B intersection is: ");
    intersection(a,b);
    return 0;
}
```

案例 4-11　Fibonacci 数列 2

【问题描述】输出 Fibonacci 数列的前 n 项。要求：用递归实现。

【输入 1】Please input n: 5

【输出 1】1 1 2 3 5

【输入 2】Please input n: 10

【输出 2】1 1 2 3 5 8 13 21 34 55

【问题解析】以递推的方法定义 $F(0)=0$，$F(1)=1$，$F(n)=F(n-1)+F(n-2)$，$n \geq 2$。

【参考代码】

```c
#include<stdio.h>
int fun(int n)
{
    if(n==1||n==2)
        return 1;
    else
        return fun(n-1)+fun(n-2);
}

int main()
{
    int n,i=0;
```

```
    printf("Please input n: ");
    scanf("%d",&n);
    for(i=1;i<=n;i++)
    {
        printf("%d ",fun(i));
    }
    return 0;
}
```

案例 4-12   等差数列求和

【问题描述】用递归方法求 $1+2+3+\cdots+n$。

【输入 1】Enter n: 5

【输出 1】$1+2+3+\cdots+n=15$

【输入 2】Enter n: 10

【输出 2】$1+2+3+\cdots+n=55$

【问题解析】使用递归函数将计算累加和转换成 $sum(n)=sum(n-1)+n$，直到计算出 $sum(n)$，将值返回给主函数，得到最终结果。

【参考代码】

```
#include <stdio.h>
int sum (int n);
int main()
{
    int n;
    printf("Enter n: ");
    scanf("%d",&n);
    printf("1+2+3+\cdots+n=%d\n",sum(n));
    return 0;
}

int sum(int n)
{
    int s;
    if(n==0)
        s=0;
    else
        s=sum(n-1)+n;
    return s;
}
```

案例 4-13   自然数的拆分问题

【问题描述】给定一个自然数，将其拆分成若干个自然数的和。输出所有解，每组解中的数按照从小到大的顺序排列。相同数的不同排列算为一组解。

【输入 1】

5

【输出 1】

5=1+1+1+1+1
5=1+1+1+2
5=1+1+3
5=1+2+2
5=1+4
5=2+3

【输入 2】

7

【输出 2】

7=1+1+1+1+1+1+1
7=1+1+1+1+1+2
7=1+1+1+1+3
7=1+1+1+2+2
7=1+1+1+4
7=1+1+2+3
7=1+1+5
7=1+2+2+2
7=1+2+4
7=1+3+3
7=1+6
7=2+2+3
7=2+5
7=3+4

【问题解析】每组数之和必须等于给定的数。每组数中，数的个数是不固定的。结果等式中，后一个数的大小必定大于或等于前一个数。这样做的目的有两个：一是能够避免结果等式的重复，二是可以减少不必要的搜索，提高程序效率。

【参考代码】

```
#include<stdio.h>
int a[10005]={1},n;
void print(int t)
```

```
{
    int i;
    printf("%d=",n);
    for(i=1;i<=t-1;i++){
        printf("%d+",a[i]);
    }
    printf("%d\n",a[t]);
}
int search(int x,int t)
{
    int i;
    for(i=a[t-1];i<=x;i++){
        if(i<n){
            a[t]=i;
            x-=i;
            if(x==0){
                print(t);        //输出方式
            }else{
                search(x,t+1); //x>0，继续递归
            }
            x+=i;                //回溯，加上拆分的数
        }
    }
}
int main()
{
    scanf("%d",&n);
    search(n,1);
    return 0;
}
```

案例 4-14 比赛日程表

【问题描述】设有 $n=2^k$ 个选手要进行网球循环赛。现要设计一个满足以下条件的比赛日程表：

　　① 每个选手必须与其他 $n-1$ 个选手各比赛一次；

　　② 每个选手一天只能参赛一次；

　　③ 循环赛在 $n-1$ 天内结束。

【输入 1】

请输入 k 值：3

【输出 1】

比赛日程表如下：

```
1 2 3 4 5 6 7 8
2 1 4 3 6 5 8 7
3 4 1 2 7 8 5 6
4 3 2 1 8 7 6 5
5 6 7 8 1 2 3 4
6 5 8 7 2 1 4 3
7 8 5 6 3 4 1 2
8 7 6 5 4 3 2 1
```

【输入 2】

请输入 k 值：2

【输出 2】

比赛日程表如下：

```
1 2 3 4
2 1 4 3
3 4 1 2
4 3 2 1
```

【问题解析】按分治策略，将所有的选手分为两部分，则 n 个选手的比赛日程表可以通过 $n/2$ 个选手的比赛日程表来决定。递归地用这种一分为二的策略对选手进行划分，直到只剩下两个选手时，比赛日程表的制定就变得很简单了。这时，只要让这两个选手进行比赛就可以了。

　　图中所列出的正方形表是 8 个选手的比赛日程表。其中左上角与左下角的两小块分别为选手 1 至选手 4 和选手 5 至选手 8 前 3 天的比赛日程。据此，将左上角小块中的所有数字按其相对位置抄到右下角，又将左下角小块中的所有数字按其相对位置抄到右上角，这样就分别安排好了选手 1 至选手 4 和选手 5 至选手 8 在后 4 天的比赛日程。据此思路，容易将这个比赛日程表推广到具有任意多个选手的情形。

1		2	3	4	5	6	7	8
2		1	4	3	6	5	8	7
3		4	1	2	7	8	5	6
4		3	2	1	8	7	6	5
5		6	7	8	1	2	3	4
6		5	8	7	2	1	4	3
7		8	5	6	3	4	1	2
8		7	6	5	4	3	2	1

【参考代码】

```
#include<stdio.h>
#include<string.h>
```

```c
#define N 100
void circle_table(int A[N][N],int k)
{
    int add=0,i,j;
    if(k==0){A[k][k]=1;}
    else{
        circle_table(A,k-1);
        add=(1<<k-1);
        //printf("\nadd=%d\n",add);
        for(i=add;i<add*2;i++)
            for(j=0;j<add;j++){
                A[i][j]=A[i-add][j]+add;
                A[i-add][j+add]=A[i][j];
            }
        for(i=add;i<add*2;i++)
            for(j=add;j<add*2;j++){
                A[i][j]=A[i-add][j-add];
            }
    }
}

int main()
{
    int k,i,j;
    int A[N][N];
    printf("请输入 k 值： ");
    scanf("%d",&k);
    memset(A,0,sizeof(A));
    //string.h 中函数，为新申请内存做初始化工作
    //也等价定义时 static int A[N][N]
    circle_table(A,k);
    printf("比赛日程表如下： \n");
    for(i=0;i<(1<<k);i++){
        for(j=0;j<(1<<k);j++){
            printf("%d ",A[i][j]);
        }
        printf("\n");
    }
    return 0;
}
```

案例 4-15　分橘子

【问题描述】日本著名数学游戏专家中村义作教授提出一个分橘子问题。父亲先将 2520 个橘子分给 6 个儿子。分完后父亲说：

"老大将分给你的橘子的 1/8 给老二，老二拿到后连同原先的橘子分 1/7 给老三，老三拿到后连同原先的橘子分 1/6 给老四，老四拿到后连同原先的橘子分 1/5 给老五，老五拿到后连同原先的橘子分 1/4 给老六，老六拿到后连同原先的橘子分 1/3 给老大。"

结果大家手中的橘子正好一样多。问六兄弟原来手中各有多少橘子？

【输出】

第 1 个孩子向下一个孩子分出 30 个橘子

第 2 个孩子向下一个孩子分出 70 个橘子

第 3 个孩子向下一个孩子分出 84 个橘子

第 4 个孩子向下一个孩子分出 105 个橘子

第 5 个孩子向下一个孩子分出 140 个橘子

第 6 个孩子向下一个孩子分出 210 个橘子

父亲最初分配橘子情况如下：

原来第 1 个孩子从父亲那里得到 240 个橘子

原来第 2 个孩子从父亲那里得到 460 个橘子

原来第 3 个孩子从父亲那里得到 434 个橘子

原来第 4 个孩子从父亲那里得到 441 个橘子

原来第 5 个孩子从父亲那里得到 455 个橘子

原来第 6 个孩子从父亲那里得到 490 个橘子

【问题解析】总数为 2520，分到最后每人手中的橘子数为 2520/6=420。老六拿到后连同原先的橘子分 1/3 给老大，所以老六没分给老大之前手中的橘子数是 420×3/2=630，分给老大的橘子数是 630/3=210；老大最后的橘子数也是 420，所以老大在分给老二后的橘子数为 420-210=210；而老大将分给自己的橘子的 1/8 给老二，故老大未分给老二前的橘子数为 210×8/7=240；老二拿到后连同原先的橘子分 1/7 给老三，设老二本身的橘子数为 x，则 $(x+30)×6/7=420$；老二本身的橘子数为 460……其余类推，便可以得到最初拿到的橘子数。为输出方便，老大输出为 "第 1 个孩子"，其余顺延。

【参考代码】

```
#include<stdio.h>
#define MAX 8//定义分母最大值
#define MIN 3//定义分母最小值
int ora[5][2] = { {0,0},{ 0,0 },{ 0,0 },{ 0,0 },{ 0,0 } };
int orange(int c[5][2], int i)
{
    int average = 2520 / 6;
    if (i == 0){
        /*第 1 个孩子从父亲那里得到的橘子数为平
          均数减去最后  个孩子分出去的部分后乘
          以(MAX-i)/(MAX-1-i)*/
        c[i][1] = (average - average / (MIN - 1))*
                (MAX - i) / (MAX - 1 - i);
        //第 1 个孩子分给第 2 个孩子的橘子数
        c[i][0] = c[i][1] - (average - average / (MIN - 1));
    }
    else{//第 i 个孩子从父亲那里得到的橘子数
        c[i][1] = average*(MAX - i) / (MAX - 1 - i) -
                orange(c, i - 1);
        //第 i 个孩子分给下一个孩子的橘子数
        c[i][0] = c[i][1] + orange(c, i - 1) - average;
    }
    int p = c[i][0];
    return p;
}

int main()
{
    orange(ora, 5);
    for (int j = 0; j <= 5; j++){
        printf("第%d 个孩子向下一个孩子分出%d 个
                橘子\n", j + 1,ora[j][0]);
    }
    printf("父亲最初分配橘子情况如下：\n");
    for (int k = 0; k <= 5; k++){
        printf("原来第%d 个孩子从父亲那里得到%d
                个橘子\n", k + 1, ora[k][1]);
    }
    return 0;
}
```

案例 4-16   数的处理

【问题描述】先输入一个自然数（其值小于500），按照如下规则进行处理：

① 不做任何处理直接输出该数；

② 在该数的左边添加一个新的自然数，但新数不能超过原数最高位上的数的一半，输出新数；

③ 加上新数后，继续按②进行处理，直到不能再添加新数为止。

【输入 1】

输入 n：6

【输出 1】

满足条件的数为：

6

16

26

126

36

136

合计 6 个

【输入 2】

输入 n：8

【输出 2】

满足条件的数为：

8

18

28

128

38

138

48

148

248

1248

合计 10 个

【问题解析】每个数都只能取小于或等于它本身一半的数放在左边，所以：

n=1 时，ans[1]=1；

n=2 时，ans[2]=1+ans[1]；

n=3 时，ans[3]=1+ans[2]+ans[1]；

……

由此可以得到递推关系式：

$$ans[n]=ans[n/2]+ans[n/2-1]+\cdots+ans[1]$$

【参考代码】

```c
#include <stdio.h>

int fun(int n)
{
    int m=n;
    int i=1,j;
    int h,s;
    static int c=1;
    while (m>=10){
        i++;
        m/=10;
    }
    for (h=1;h<=m/2;h++){
        s=h;
        j=i;
        while (j){
            s=s*10;
            j--;
        }
        s+=n;
        c++;
        printf("%d\n",s);
        if (m>1)
            fun(s);
    }
    return c;
}

int main()
{
    int n,c;
    printf("输入 n：");
    scanf("%d",&n);
    printf("满足条件的数为：\n%d\n",n);
    c=fun(n);
    printf("合计%d 个\n",c);
    return 0;
}
```

案例 4-17　八皇后问题

【问题描述】八皇后问题以国际象棋为背景：有 8 个皇后（可以当成 8 个棋子），如何在 8×8 的棋盘中放置这 8 个皇后，使得任意两个皇后都不在同一条横线、竖线或斜线上。有 92 种摆放方式，这里只给出其中一种。

【输出】

```
================
0000000#
000#0000
#0000000
00#00000
00000#00
0#000000
000000#0
0000#000
================
```

摆放方式有 92 种

【问题解析】八皇后问题是使用回溯法解决问题的典型案例。算法的解决思路如下。

从棋盘的第一行开始，从第一个位置开始，依次判断当前位置是否能够放置皇后，判断的依据为：与该行之前的所有行中皇后的所在位置进行比较，如果处在同一列中，或者在同一条斜线上（斜线有两条，为正方形的两条对角线），都不符合要求，继续检验后面的位置。如果该行中所有位置都不符合要求，则回溯到前一行，改变皇后的位置，继续试探。如果试探到最后一行，所有皇后摆放完毕，则直接输出 8×8 的棋盘。最后一定要记得将棋盘恢复原样，避免影响下一次的摆放。

【参考代码】

```c
#include <stdio.h>
int Queens[8]={0},Counts=0;
int Check(int line,int list)
{
    //遍历该行之前的所有行
    for (int index=0; index<line; index++) {
        //取出前面各行中皇后所在位置的列坐标
        int data=Queens[index];
```

```c
            //同一列，该位置不能放
            if (list==data) {
                return 0;
            }
            //当前位置的斜上方有皇后，不能放
            if ((index+data)==(line+list)) {
                return 0;
            }
            //当前位置的斜下方有皇后，不能放
            if ((index-data)==(line-list)) {
                return 0;
            }
    }
    //以上情况都不是，当前位置可以放
    return 1;
}
//输出语句
void print()
{
    for (int line = 0; line < 8; line++)
    {
        int list;
        for (list = 0; list < Queens[line]; list++)
            printf("0");
        printf("#");
        for (list = Queens[line] + 1; list < 8; list++){
            printf("0");
        }
        printf("\n");
    }
    printf("===============\n");
}
void eight_queen(int line){
    //在数组中为第 0~7 列
    for (int list=0; list<8; list++) {
        /*对于固定的行或列，检查是否与之前的皇后
        位置相互冲突*/
        if (Check(line, list)) {
            //不冲突，以行为下标的数组位置记录列数
            Queens[line]=list;
            /*如果最后都不冲突，则为一种正确的
```

```c
            摆放方式*/
            if (line==7) {
                //统计摆放方式的 Counts 加 1
                Counts++;
                //输出这种摆放方式
                print();
                //每次成功，都要将数组重归为 0
                Queens[line]=0;
                return;
            }
            //继续判断下一种摆放方式，递归
            eight_queen(line+1);
            /*不管成功与否，该位置都要重新归 0，
            以便重复使用*/
            Queens[line]=0;
        }
    }
}

int main()
{
    //调用回溯函数，参数 0 表示从第一行开始判断
    eight_queen(0);
    printf("摆放方式有%d 种",Counts);
    return 0;
}
```

案例 4-18   最大公约数

【问题描述】使用递归方法求两个整数的最大公约数。

【输入 1】输入两个整数：30 45

【输出 1】最大公约数是：15

【输入 2】输入两个整数：30 48

【输出 2】最大公约数是：6

【问题解析】有两个整数 a 和 b：① 若 $a>b$，则 $a=a-b$；② 若 $a<b$，则 $b=b-a$；③ 若 $a=b$，则 a（或 b）即为两数的最大公约数；④ 若 $a \neq b$，则再回去执行①。例如，求 27 和 15 的最大公约数的过程为：27-15=12（15>12）；15-12=3（12>3）；12-3=9（9>3）；9-3=6（6>3）；6-3=3（3=3）。因此，最大公约数是 3。

```
#include <stdio.h>
int mygcd(int m,int n);
int main()
{
    int a,b,g;
    printf("输入两个整数：");
    scanf("%d %d",&a,&b);
    g=mygcd(a,b);
    printf("最大公约数是：%d\n", g);
    return 0;
}
int mygcd(int m,int n)
{
    if(m==n)
        return m;
    else{
        if(m>n)
            return mygcd(m-n,n);
        else
            return mygcd(m,n-m);
    }
}
```

案例 4-19　递归计算 Ackermann 函数

【问题描述】使用递归方法实现 Ackermann 函数的计算，其函数定义如下：

$$A(m,n)=\begin{cases} n+1, & 若m=0 \\ A(m-1,1), & 若m>0且n=0 \\ A(m-1,A(m,n-1)), & 若m>0且n>0 \end{cases}$$

【输入 1】请分别输入 m 和 n 的值：2 3
【输出 1】9
【输入 2】请分别输入 m 和 n 的值：3 4
【输出 2】125
【问题解析】m 和 n 是用户输入的非负整数。Ack 函数返回 Ackermann 函数的相应值。因为 Ackermann 函数的增长速度很快，因此要保证输出在长整型数范围内。
【参考代码】

```
#include <stdio.h>
long int Ack( int m, int n );
int main()
```

```
{
    int m, n;
    printf("请分别输入 m 和 n 的值：");
    scanf("%d %d", &m, &n);
    printf("%ld\n", Ack(m, n));
    return 0;
}
long int Ack( int m, int n ) {
    if ( m == 0 )
        return n + 1;
    if ( n == 0 && m > 0 )
        return Ack( m-1, 1 );
    if ( m > 0 && n > 0 )
        return Ack( m-1, Ack(m, n-1) );
}
```

案例 4-20　走方格

【问题描述】有一个 5×5 的方格，见下图，左上角的格子是起点，终点位置由输入的坐标确定。每次只能往右或往下走一格。请问一共有多少种走法？

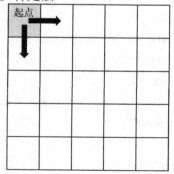

【输入 1】
在 5*5 的方格中，终点位置(m,n)是：5 4
【输出 1】
到达终点一共有 35 种走法
【输入 2】
在 5*5 的方格中，终点位置(m,n)是：4 4
【输出 2】
到达终点一共有 20 种走法
【问题解析】假设终点位置的坐标为(1,1)，当前位置的坐标为(x,y)。在该坐标处，只有两种走法：往右或往下走一格，所以 $f(x,y)=f(x-1,y)+f(x,y-1)$。

【参考代码】

```
#include<stdio.h>
int maze_Recurrence(int x, int y)
{
    if(x==1 || y==1){
        return 1;  //递归的出口
    }
    else{
        //递归
        return maze_Recurrence(x-1,y)+maze_Recurrence(x,y-1);
    }
}
int main ()
{
    int m,n;
    printf("在 5*5 的方格中, 终点位置(m,n)是: ");
    scanf("%d %d",&m,&n);
    printf("到达终点一共有%d 种走法",
            maze_ Recurrence(m,n));
    return 0;
}
```

案例 4-21 素数的判断

【问题描述】判断一个数是否为素数。

【输入 1】 Input any positive number: 17

【输出 1】 The number 17 is a prime number.

【输入 2】 Input any positive number: 16

【输出 2】 The number 16 is not a prime number.

【问题解析】判断一个数是否为素数: 从 1 到这个数之间如果可以找到能被它整除的数, 那么它肯定不是素数; 如果找不到, 那么它一定是素数。在递归函数中, 对于输入的数字用 i=n1/2 进行递归整除, 直到 i==1。

【参考代码】

```
#include<stdio.h>
int checkForPrime(int);
int i;
int main()
{
    int n1,primeNo;
    printf("Input any positive number: ");
```

```
    scanf("%d",&n1);
    i = n1/2;
    primeNo = checkForPrime(n1);  //调用递归函数
    if(primeNo==1)
        printf("The number %d is a prime number. \n",n1);
    else
        printf("The number %d is not a prime number. \n",n1);
    return 0;
}
int checkForPrime(int n1)
{
    if(i==1){
        return 1;
    }
    else if(n1 %i==0){
        return 0;
    }
    else{
        i = i -1;
        checkForPrime(n1);
    }
}
```

案例 4-22 汉诺塔

【问题描述】汉诺塔（Tower of Hanoi）源于印度传说, 大梵天创造世界时造了三根金刚石柱子, 其中一根柱子上自底向上按从大到小的顺序叠放了 *n* 个黄金圆盘。大梵天命令婆罗门把圆盘重新摆放在另一根柱子上, 并且规定, 在小圆盘上不能放大圆盘, 在三根柱子之间一次只能移动一个圆盘。三层汉诺塔见下图。

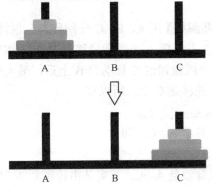

请输入汉诺塔的层数：

3

【输出1】

汉诺塔移动过程：

A->C

A->B

C->B

A->C

B->A

B->C

A->C

【输入2】

请输入汉诺塔的层数：

4

【输出2】

汉诺塔移动过程：

A->B

A->C

B->C

A->B

C->A

C->B

A->B

A->C

B->C

B->A

C->A

B->C

A->B

A->C

B->C

【问题解析】用 A、B、C 分别代表三根柱子，A->B 表示把 A 上的圆盘移到 B 上。需要把 n-1 个圆盘通过 C 移动到 B 上后，最大的圆盘才能移到 C 上，所以有

hannuota(n-1,A,C,B)

然后显示 A->C，即

printf("%c->%c\n", A,C);

这里看似是 A->C，其实是由传递到 A、C 对

应位置的参数确定的，所以就可以输出移动过程。最大的圆盘移到 C 上之后，B 上剩余的圆盘需要借助 A 移到 C 上。所以就有

hannuota(n-1,B,A,C)

直到最小的圆盘落在第三根柱子上，就结束了。也就是在 n==1 时结束。

【参考代码】

```c
#include<stdio.h>
int hannuota(int n, char A, char B, char C)//三根柱子
{
    if (n == 1)
        //当 n 为 1 时，直接把圆盘从 A 移到 C 上
        //这也是递归终止的条件
        printf("%c->%c\n", A, C);
    else
    {
        //把 A 上的 n-1 个圆盘通过 C 移到 B 上
        hannuota(n-1, A, C, B);

        //显示从 A 移到 C 上的所有圆盘的过程
        //因为传参不同，所以可以显示过程
        printf("%c->%c\n", A, C);

        //把 B 上的 n-1 个圆盘通过 A 移到 C 上
        hannuota(n-1, B, A, C);
    }
    return 0;
}

int main()
{
    int n;
    printf("请输入汉诺塔的层数：\n");
    scanf("%d", &n);
    printf("汉诺塔移动过程：\n");
    hannuota(n, 'A', 'B', 'C');
    return 0;
}
```

案例 4-23   全排列

【问题描述】给定一个由不同的英文小写字母组成的字符串，输出这个字符串的全部排列形式，即全排列。

【输入 1】

abcd

【输出 1】

abcd
abdc
acbd
acdb
adbc
adcb
bacd
badc
bcad
bcda
bdac
bdca
cabd
cadb
cbad
cbda
cdab
cdba
dabc
dacb
dbac
dbca
dcab
dcba

【输入 2】

abc

【输出 2】

abc
acb
bac
bca
cab
cba

【问题解析】将输出的大过程看成需要输出三

个字符，小过程即为输出一个字符，且只能输出一次。

【参考代码】

```c
#include<stdio.h>
#include<string.h>
char str[10],temp[10]; //temp 用来输出全排列
int len;
int flag[10];//判断第 i 个字符是否进行了此次排列
void dfs(int step)
{
    //step=0 时，执行 dfs(0)，选定 temp 的第 1 个字符
    //执行 dfs(1)，选定第 2 个字符，其余类推
    if(step==len)
    {
        //执行 dfs(step)，选定 temp 的第 step+1 个字符
        temp[step]='\0';
        printf("%s\n",temp);
    }
    for(int i=0;i<len;i++){
        if(flag[i]==0){
            flag[i]=1;
            //temp[step]由 i 和 flag[i]共同决定
            temp[step]=str[i];
            dfs(step+1);
            //每次 dfs(step+1)调用完成后
            //flag[i]置为 0，str[i]回到未排序状态
            flag[i]=0;
        }
    }
}

int main()
{
    while(scanf("%s",str)!=EOF)
    {
        len=strlen(str);
        dfs(0);
    }
    return 0;
}
```

案例 4-24　快速排序法

【问题描述】将一个数列输入数组中，对数组元素进行快速排序（非递减）并输出。

【输入1】

请输入数值个数：5

请输入数列：1 8 9 15 6

【输出1】

排序后：1　6　8　9　15

【输入2】

请输入数值个数：6

请输入数列：12 3 6 8 9 10

【输出2】

排序后：3　6　8　9　10　12

【问题解析】在待排序数列（全部为整数）中取第一个数作为基准值，然后根据基准值进行划分，从而将待排序数列划分为不大于基准值者（称为左子数列）和大于基准值者（称为右子数列），然后再对左子数列和右子数列分别进行快速排序，最终得到非递减的有序数列。

【参考代码】

```c
#include <stdio.h>
void Sort(int a[],int p,int r);
int partition(int a[],int p,int r);
void Swap(int a[],int i,int j);
int main()
{
    //p 为待排序数列首元素下标
    //r 为待排序数列末元素下标
    int n,a[100],p,r,i;
    printf("请输入数值个数：");
    scanf("%d",&n);
    printf("请输入数列：");
    for(i=0;i<n;i++)
    {
        scanf("%d",&a[i]);
    }
    p=0;
    r=n-1;
    Sort(a,p,r);
    printf("排序后：");
    for(i=0;i<n;i++)
    {
        printf("%d  ",a[i]);
    }
    return 0;
}
void Sort(int a[],int p,int r)
{
    if(p<r)
    {
        int q=partition(a,p,r);//一次定位一个元素
        Sort(a,p,q-1);        //对左子数列进行递归
        Sort(a,q+1,r);        //对右子数列进行递归
    }
}

int partition(int a[],int p,int r)
{
    int i=p,j=r+1;      //i,j 分别从前、后开始扫描
    int   x=a[p];       //x 为此次要定位的元素
    while(1)
    {
        //i 从前往后扫描，遇到比 x 大的，停下
        //或者超出数列长度，停下
        while(a[++i]<a[p]&&i<r);
        //j 从后往前扫描，遇到比 x 小的，停下
        while(a[--j]>a[p]);
        if(i>=j) break;
        Swap(a,i,j);   //交换 a[i]与 a[j]
    }
    a[p]=a[j];
    a[j]=x;
    return j;
}
void Swap(int a[],int i,int j)
{
    int temp;
    temp=a[i];
    a[i]=a[j];
    a[j]=temp;
}
```

4.3 习　　题

一、选择题

1. 设有下列变量说明与函数说明，则合法的函数调用语句是_____。

  int func(int a[], int n);

  int a[10], n, x;

 A）x=func(a,n);   B）func(a,n)=x;   C）x=func(a[],n);   D）x=func(a[10],n);

2. 以下选项中，合法的函数说明语句是_____。

 A）void func(char *a, char b[]);   B）void func(char a[], b[]);

 C）void func(char a[]; char *b);   D）void func(char *a, *b);

3. 调用函数时，基本数据类型变量作为函数实参，它和对应的形参_____。

 A）各自占用独立的存储单元   B）共同占用一个存储单元

 C）同名时才能公用存储单元   D）不占用存储单元

4. 有以下程序：

```
float fun(int x, int y)
{
    return (x+y);
}
int main()
{
    int a=2,b=5,c=8;
    printf("%3.0f\n", fun((int)fun(a+c,b), a-c));
    return 0;
}
```

程序运行后，_____。

 A）编译出错   B）输出 9   C）输出 21   D）输出 9.0

5. 一个 C 程序中可以包含多个函数，以下选项中，正确的是_____。

 A）函数的定义可以嵌套，但函数的调用不可以嵌套

 B）函数的定义不可以嵌套，但函数的调用可以嵌套

 C）函数的定义和函数的调用均可以嵌套

 D）函数的定义和函数的调用均不可以嵌套

6. 若有函数调用语句 func(rec1, rec2+rec3, (rec4, rec5));，则该函数的参数个数是_____。

 A）3 个   B）2 个   C）5 个   D）有语法错误

7. 已知函数原型 int f(int)和 int g(int)，下列语句中，正确调用函数的是_____。

 A）int f(3);   B）f(int g(3));   C）int g(f(3));   D）p=f(g(3)+1);

8. C 程序中，return 语句的作用是_____。

 A）终止程序运行   B）返回到上层循环

 C）返回到外层结构   D）返回到上层函数

9. 在一个被调用函数中，关于 return 语句使用的描述，错误的是_____。

 A）被调用函数中可以不用 return 语句

 B）被调用函数中可以使用多个 return 语句

C）被调用函数中，如果有返回值，就一定要有 return 语句

D）被调用函数中，一个 return 语句可返回多个值给调用函数

10. 以下叙述中不正确的是_____。

A）在一个函数内的复合语句中定义的变量在本函数范围内有效

B）在不同的函数中可以使用相同名字的变量

C）函数中的形式参数是局部变量

D）在一个函数内定义的变量只在本函数范围内有效

11. 以下不正确的说法是_____。

A）实参可以是常量、变量或表达式　　　　B）实参可以是任何类型

C）形参可以是常量、变量或表达式　　　　D）形参应与对应的实参类型一致

12. 以下正确的说法是_____。

A）实参与其对应的形参共同占用一个存储单元

B）实参与其对应的形参各占用独立的存储单元

C）只有当实参与其对应的形参同名时才占用一个共同的存储单元

D）形参是虚拟的，不占用存储单元

13. 在 C 程序中，若对函数类型未显式地进行说明，则函数的隐含类型为_____。

A）void　　　　　　B）double　　　　　　C）char　　　　　　D）int

14. 要在 C 程序中使用系统函数 sqrt( )，需要使用 include 命令包含库文件，方法是_____。

A）#include <math.h>　　　　　　　　B）#include <string.h>

C）#include <io.h>　　　　　　　　　D）#include <stdio.h>

15. 当调用函数时，实参是一个数组名，则向函数传递的是_____。

A）数组的长度　　　　　　　　　　　B）数组的首地址

C）数组每一个元素的地址　　　　　　D）数组每一个元素中的值

16. 以下程序的运行结果是_____。

```
#include <stdio.h>
int b=1;
int fun(int x)
{
    static int b=3;
    b+=x;
    printf("%d ",b);
    return b;
}
int main()
{
    int a=2;
    printf("%d\n",fun(a+fun(b)));
    return 0;
}
```

A）4 10 10　　　　　B）6 6 8　　　　　C）3 3 9　　　　　D）10 10 4

二、填空题

1. 函数 int sum(int x[], int num)用于计算数组 x 前 num 个元素之和。在主函数中，输入 10 个任意整数及下标 index1、index2 的值（设 index1<=index2，且均在 1～9 范围内），调用 sum 函数计算从第 index1 个元素到第 index2 个元素的和，并输出结果。在画线处补全代码。

输入为：

1 3 2 5 7 9 6 4 8 10

2 4

输出为：

Sum=14

说明：下标从 2 至 4 的数组元素分别为 2、5、7，它们的和为 14。

程序如下：

```c
#include <stdio.h>
int sum( int x[], int num )
{
    int   i, s=0;
    for ( i=0;  __(1)__ ; i++ )
        s =  __(2)__ ;
    return   s;
}
int main()
{
    int    i, index1, index2, result;
    int    x[10];
    for ( i=0; i<10; i++ )
        scanf( "%d", &x[i] );
    scanf( "%d%d", &index1, &index2 );
    result = sum( x+index1,  __(3)__ );
    printf( "Sum=%d\n", result );
    return 0;
}
```

2. 输入一个整数，逆序后输出。函数 reverse(int number)的功能是返回 number 的逆序数。例如，reverse(12345)的返回值是 54321。在画线处补全代码。

运行示例：

输入整数：-1230

逆序后：-321

程序如下：

```c
#include <stdio.h>
int reverse(int);
int main( )
{   int in;
     __(1)__ ;
```

```
        printf("输入整数： ");
        scanf("%d", &in);
        m =    (2)    ;
        printf("逆序后： %d\n",m);
        getchar(); /*暂停程序，按任意键继续*/
        return 0;
    }
    int reverse(int number)
    {    (3)    ;
        int res=0;
        flag = number < 0 ? -1 : 1;    /* flag 标记正负数 */
        if(number < 0)    number = - number;
        while(number != 0)
        {
            res = res*10 + number%10;
            _____(4)_____;
        }
        return _____(5)_____*res;
    }
```

3. 输入一个长度小于 40 的字符串到数组 s 中，并复制到数组 t 中，再将 s 中的字符串逆序连接到 t 的后面并输出。例如，若输入"ABCD"，则输出 t 为"ABCDDCBA"。在画线处补全代码。

程序如下：

```
    #include <stdio.h>
    #include <string.h>
    int main()
    {
        char s[80],t[80];
        int i;
        _____(1)_____;
        printf("输入字符串： " );
        scanf("%s",s);
        m=strlen(s);
        for(i=0; _____(2)_____;i++)
            t[i]=s[i];
        for(i=0;i<m;i++)
            t[m+i]=s[_____(3)_____];
        t[m+i]='\0';
        printf("新的字符串： _____(4)_____\n",t);
        getchar(); /*暂停程序，按任意键继续*/
        return 0;
    }
```

4．以下程序的输出结果是_____。

```
void sum(int a[ ])
{
    a[0]=a[-1]+a[1];
}
int main( )
{
    int a[10]={1,2,3,4,5,6,7,8,9,10};
    sum(&a[2]);
    printf("%d\n",a[2]);
    return 0;
}
```

5．以下程序的输出结果是_____。

```
void f(int b[ ])
{   int i;
    for(i=2;i<6;i++)    b[i]*=2;
}
int main( )
{
    int i, a[10]={1,2,3,4,5,6,7,8,9,10};
    f(a);
    for(i=0;i<10;i++)
      printf("%d,",a[i]);
    return 0;
}
```

习题参考答案

一、选择题

1．A   2．A   3．A   4．B   5．B   6．A   7．D   8．D   9．D   10．A
11．C   12．B   13．D   14．A   15．B   16．A

二、程序填空题

1．（1）i<num   （2）s=s+x[i]   （3）index2-index1+1

2．（1）int m;   （2）reverse(in);   （3）int flag   （4）number=number/10;
（5）flag

3．（1）int m   （2）i<m   （3）m-i-1   （4）%s

4．6

5．1,2,6,8,10,12,7,8,9,10,

第 5 章 指　　针

5.1　知 识 点

指针变量就是专门用于存放变量内存地址的变量，其定义的一般形式为：

　　　类型名 *指针变量名；

① 指针变量也是变量，不仅要先定义它，而且应该赋予它具体的值。对指针变量只能赋予内存地址。在 C 语言中，变量的地址是由编译系统分配的，对用户是透明的，常用取地址运算符（&）来取得变量的地址。未经赋值或者初始化的指针变量的值是一个随机数，不能确定它指向哪里，如果直接进行间接访问操作（尤其是写操作），将会带来很大的风险，严重时可能造成程序崩溃甚至系统崩溃。对于暂时没有明确赋值的指针变量，可以先赋值 NULL，不指向任何数据。

② 在指针变量定义时，"*"为指针声明符，表示其后的变量是指针类型的；而表达式中的"*"是一个运算符（间接访问运算符），表示指针变量所指变量的值。例如：

　　　int *p,a;　　//定义 p 是一个指向整型变量的指针变量，a 为整型变量

　　 p=&a　　　//对指针变量 p 赋值，赋值为变量 a 的内存地址

　　 *p=3　　　//使用 p 的值来修改指针变量 p 所指变量 a 的值，修改后变量 a 的值为 3

③ 指针变量与其指向的变量一般应该保持类型一致，指针变量的值是内存单元的首地址，指针变量的类型决定了内存单元的长度。

④ 数组名是数组的第一个元素（下标为 0 元素）的内存地址，可以将数组名看作一个常量指针。当一个指针指向数组中的某个元素时，可以通过对指针加、减一个整数的操作，从而以"前、后移动"指针的方式访问整个数组。

⑤ 将字符串的首地址赋给一个指针变量，其指针就成为指向字符串的指针，搭配串结束符'\0'可以轻松遍历字符串。

指针变量可以作为函数参数，也可以作为函数返回值。

5.2 案例实践

案例 5-1 逆序输出字符串 2

【问题描述】输入一个字符串，将该字符串逆序输出。

【输入】ILoveSHU

【输出】UHSevoLI

【问题解析】用字符指针完成字符串逆序操作。

【参考代码】

```c
#include <stdio.h>
#include <string.h>
int main()
{
    char c[50],*p,*q,t;
    int i;
    gets(c);
    p=c;
    q=c;
    while(*q) q++;   //将指针 q 指向串 c 末尾
    q--;
    /*多向后移了一位（q 多自增了一次），要把指针拉回串 c 的'\0'处*/
    while(q>p)
    {
        t=*p;
        *p=*q;
        *q=t;
        p++;
        q--;
    }
    puts(c);
    return 0;
}
```

【参考解释】本程序也可以不更改串 c 的内容，在指针 q 指向串 c 的末尾后，直接循环逆向输出字符串。解法很多，重点在于更加熟练地掌握其中的知识点。

案例 5-2 子串计数

【问题描述】统计子串在主串中出现的次数。

【输入】

IloveC,IloveSHU.

love

【输出】

2

【问题解析】构造函数 count(char *p, char *q)，查找子串 q 在串 p 中出现的次数。

【参考代码】

```c
#include <stdio.h>
#include <string.h>
int count( char *p, char *q);
int main()
{
    char s[80], sub[80];
    int n;
    gets(s);
    gets(sub);
    printf("%d\n", count(s,sub));
    return 0;
}
int count( char *p, char *q)
{
    int m, n, k, num=0;
    for (m=0; p[m]; m++)
        for (n=m, k=0; q[k]==p[n]; k++, n++)
            if(q[k+1]=='\0'){
                num++;
                break;
            }
    return num;
}
```

案例 5-3 逆序输出字符串变形

【问题描述】从键盘上输入一个长度为 len 的字符串（len 在 2~80 之间），将字符串逆序后，输出 len 行字符串，第 1 行输出逆序字符串，

· 85 ·

从第 2 行起，每行去掉上一行的第 1 个字符并右对齐输出。

【输入】

Shanghai

【输出】

```
1:iahgnahS
2: ahgnahS
3:  hgnahS
4:   gnahS
5:    nahS
6:     ahS
7:      hS
8:       S
```

【问题解析】输入的字符串包含 8 个字符，输出 8 行。其中，冒号为英文半角状态下输入的符号。

【参考代码】

```c
#include <stdio.h>
#include <string.h>
int main()
{
    int i,j;
    char s[81]= {0},*p,*q,t;
    gets(s);
    p=s;
    q=s+strlen(s)-1;
    for(; p<=q; p++,q--){//先把字符串倒过来
        t=*p;
        *p=*q;
        *q=t;
    }
    for(i=0; s[i]; i++){
        printf("%d:",i+1);
        for(j=0;j<i;j++)
            putchar(' ');
        puts(&s[i]);   //或 puts(s+i);
    }
    return 0;
}
```

【参考解释】程序中首先使用两个指针 p 和 q 对输入的字符串进行逆序操作，其中 p 为串 s 的头指针，q 为串 s 的尾指针。然后，按照题目要求循环输出各行字符串。

案例 5-4　字符转换为数字

【问题描述】设计函数 str2int(char *s)，实现字符串转换为数字功能。输入为一行长度不大于 80 的任意字符串，提取该字符串中的数字字符并组成一个整数，输出该整数及其两倍的值。

【输入】

abc12e3fgh4i

【输出】

1234 2468

【问题解析】本题的核心是字符串转换为数字函数 str2int(char *s)。该函数接收输入字符串的首地址，使用该地址对字符串中的字符进行遍历，筛选出其中的数字字符，并将其转换为一个整数后返回。

【参考代码】

```c
#include <stdio.h>
#include <string.h>
int str2int(char *s)
{
    int i,n=0;
    for ( i=0; s[i]!='\0'; i++ )
        if ( s[i]>='0' && s[i]<='9' )
            n=n*10+s[i]-'0';
    return n;
}
int main()
{
    int n;
    char str[80];
    gets(str);
    n=str2int(str);
    printf("%d  %d\n", n, 2*n);
    return 0;
}
```

案例 5-5　字符串的自定义复制

【问题描述】编写函数，其功能是将字符串中从第 m 个字符开始的子串复制到另一个字符串中。在主函数中输入一个长度为 n 的字符串，然后调用该函数以实现字符串的复制。

【输入 1】

Enter a string: C language!

Which character that begin to copy?5

【输出 1】

Result: nguage!

【输入 2】

Enter a string: C language!

Which character that begin to copy?15

【输出 2】

Input error!

【问题解析】构造函数 copystr(char *p1,char *p2,int m)，将指针 p1 指向的从下标 m 开始的字符串复制给指针 p2 指向的字符串。

【参考代码】

```c
#include <stdio.h>
#include <string.h>
void copystr(char *p1,char*p2,int m);
int main()
{
    int m;
    char str1[20],str2[20];
    printf("Enter a string: ");
    gets(str1);
    printf("Which character that begin to copy?");
    scanf("%d",&m);
    if(strlen(str1)<m)
        printf("Input error!");
    else{
        copystr(str1,str2,m);
        printf("Result: %s\n",str2);
    }
    return 0;
}
void copystr(char *p1,char *p2,int m)
{
    int n=0;
    while(n<m-1){
        n++;
        p1++;
    }
    while(*p1!='\0') *p2++=*p1++;
```

```c
    *p2='\0';
}
```

【参考解释】在 copystr 函数中，首先将指针 p1 后移 m-1 个位置，目的是将其指向字符串的第 m 个字符。紧接着，将从下标 m 开始直至最后（'\0'之前）的全部字符依次赋值给指针 p2 指向的字符串。

案例 5-6　计算字符串的长度

【问题描述】编写 length 函数，返回字符串中处于字符'A'和'Z'之间的子串的长度，即字符个数。从主函数输入一个字符串，调用 length 函数输出该字符串中处于字符'A'和'Z'之间的子串的长度。

【输入】

Z2009-AShanghaiZ

【输出】

Length=8

【问题解析】构造函数 length(char *p)，找到字符串中处于字符'A'和'Z'之间的子串，计算其长度并输出。

【参考代码】

```c
#include <stdio.h>
#include <string.h>
int length( char *p )
{
    char *q, *r;
    for ( q=p; *q!='\0' && *q!='A'; q++ )
        ;
    for ( r=q; *r!='\0' && *r!='Z'; r++ )
        ;
    if(*r == 'Z')   return r-q-1;
    else            return -1;
}
int main()
{
    char   str[81];
    int    n;
    gets( str );
    n = length( str );
    printf( "Length=%d\n", n );
```

```
    return 0;
}
```

【参考解释】在 length 函数中，首先将指针 q 指向字符'A'，然后将指针 r 指向字符'Z'。注意，这里 r 指向的是字符'A'后面的字符'Z'，因此，r 的初值应为 q 而不是 p。

案例 5-7　连接逆序和正序的字符串

【问题描述】将串 s 中的字符按逆序存放到串 t 中，然后把串 s 中的字符按正序连接到串 t 的后面。

【输入】ABCDE

【输出】EDCBAABCDE

【问题解析】构造函数 fun(char *s, char *t)，使得串 t 中依次存放逆序的串 s 中的字符和正序的串 s 中的字符。

【参考代码】
```
#include <stdio.h>
#include <string.h>
void fun (char *s, char *t)
{
    int i, sa;
    sa = strlen(s);
    for (i=0; i<sa; i++)
        t[i] = s[sa-i-1];
    for (i=0; i<sa; i++)
        t[sa+i] = s[i];
    t[sa+i] = '\0';
}
int main()
{
    char s[100], t[100];
    printf("\nPlease enter string s: ");
    scanf("%s", s);
    fun(s, t);
    printf("The result is: %s\n", t);
    getchar();
    return 0;
}
```

【参考解释】首先，要特别注意 fun 函数中数组 t 的越界问题，在第一个 for 循环中，应为 "t[i] = s[sa-i-1];" 而不是 "t[i] = s[sa-i];"。其次，将逆序的串 s 和正序的串 s 分别装入串 t

后，需手动添加串结束符'\0'。

案例 5-8　今天入秋了吗

【问题描述】入秋标志着夏秋季节转换的完成。气候学上入秋的标准是，必须要连续 5 天日平均气温低于 22℃，则这连续 5 天中的第一天为入秋日。程序功能是，判断 9 月是否入秋并输出有关信息。若入秋，则输出在哪一天入秋，否则输出 9 月没有入秋。

【输入】

20 25 26 30 28 27 25 26 20 18 18

23 23 22 23 22 21 20 21 20 24

26 25 24 23 21 20 18 21 21 23

【输出】

9 月 26 日开始入秋

【问题解析】输入 9 月全部气温。若没有入秋，则输出 "9 月没有入秋"；若入秋，则输出 "9 月 xx 日开始入秋"，其中 xx 为具体的入秋日期。构造函数 fun(int *a, int n)，根据存放 9 月气温的数组 a 和 9 月的天数 n，计算是否入秋。

【参考代码】
```
#include <stdio.h>
int fun(int *a, int n)
{
    int i,c=0;
    for (i=0; i<n; i++)
    {
        if ( a[i] < 22 )
        {
            c++;
            if ( c>=5 )
                return i-4;
        }
        else c=0;
    }
    return -1;
}

int main()
{
```

```
        int t[31];
        int d;
        int i;
        for(i=0; i<30; i++){
            scanf("%d",&t[i]);
        }
        d=fun(t,30);
        if ( d == -1 )
            printf("9 月没有入秋\n");
        else
            printf("9 月%d 日开始入秋\n", d+1);
        return 0;
    }
```

案例 5-9　比较字符串长度

【问题描述】输入三个字符串，对三个字符串按其长度从大到小排序后依次输出。

【输入】

I

love

SHU

【输出】

love

SHU

I

【问题解析】构造函数 sortbylen(char *strs[], int n)，对 char 型指针数组中存放的 n 个字符串进行长度比较。

【参考代码】

```
#include <string.h>
#include <stdio.h>
void sortbylen(char *strs[], int n)
{
    int i, j;
    char *t;
    for(i=0; i<n-1; i++)
        for(j=0; j<n-1-i; j++){
            if(strlen(strs[j])<strlen(strs[j+1])){
                t=strs[j];
                strs[j]=strs[j+1];
                strs[j+1] =t;
```

```
            }
        }
    }
    int main()
    {
        int i;
        char strs[3][81];
        char *names[3];
        for(i=0; i<3; i++ ){
            gets(strs[i]);
            names[i]= strs[i];
        }
        sortbylen(names, 3);
        for(i=0; i<3; i++)
            puts(names[i]);
        return 0;
    }
```

案例 5-10　句子中最长的单词 2

【问题描述】计算输入的句子中最长的单词长度（该句子仅包含英文字母和空格，空格与空格间的连续字符串称为单词）。

【输入】

you make me happy when days are grey

【输出】

max=5

【问题解析】使用字符指针。

【参考代码】

```
#include <stdio.h>
#include <string.h>
int main()
{
    char str[50], *t;
    gets(str);
    int max=0, length=0;
    t=str;
    while (*t!='\0'){
        while ((((*t<='Z')&&(*t>='A'))||((*t<='z')&&
                (*t>='a'))){
            length++;
            t++;
```

```
        }
        if (max<length) max = length;
        length=0;
        t++;
    }
    printf("max=%d", max);
    return 0;
}
```

案例 5-11   内置函数 strcat()的重现

【问题描述】编写函数 mystrcat()，实现与库
函数 strcat()相同的功能，将串 src 拼接至串
dest 的末尾，并返回拼接后的字符串。

【输入】

Hi everybody

!

【输出】

Hi everybody!

【问题解析】构造函数 mystrcat(char *dest,
char *src)，将串 dest 和串 src 按顺序拼接，
并将拼接的结果存入串 dest 后返回。

【参考代码】

```
#include <stdio.h>
#include <string.h>
char *mystrcat(char *dest, char *src)
{
    char *p;
    for (p=dest; *p!='\0'; p++) ;
    for ( ; *src!='\0'; p++,src++ )
        *p=*src;
    *p='\0';
    return dest;
}
int main()
{
    char d[81],s[81];
    gets(d);
    gets(s);
    puts(mystrcat(d,s));
    return 0;
}
```

案例 5-12   格式化学生信息

【问题描述】输入一个字符串，内容依次为学
号（8 位）和学生姓名（汉语拼音）。处理后，
输出一个字符串，内容依次为：学生姓名和
学号（中间用一个空格分隔）。

【输入】

17721730lixiaosi

【输出】

lixiaosi 17721730

【问题解析】使用指针处理输入的字符串，善
用'\0'对字符指针进行修改。

【参考代码】

```
#include <stdio.h>
#include <string.h>
int main()
{
    int i=0;
    char a[50],b[50],*p=a,*q=b;
    gets(a);
    while(*p>='0'&&*p<='9'){
        p++;    i++;
    }
    while(*q++=*p++);
    *(q-1)=' ';    a[i]='\0';    p=a;
    while(*q++=*p++);
    puts(b);
    return 0;
}
```

案例 5-13   奇数之和与偶数之和

【问题描述】编写函数，分别计算正整数 a 和
b 之间（含 a 和 b，且 b−a>10）的奇数之和
与偶数之和。在主函数中输入 a 和 b，输出
调用函数后的计算结果。

【输入】

5 20

【输出】

96 104

【问题解析】构造函数 sum(int a, int b, int
*seven, int *sodd)，计算参数 a 和 b 之间的奇

数之和与偶数之和，并将计算结果分别存放在指针 seven 和 sodd 指向的内存单元中。

【参考代码】

```c
#include <stdio.h>
#include <string.h>
void sum(int a, int b, int *seven, int *sodd)
{
    *seven=*sodd=0;
    for(; a<=b; a++)
        if(a%2) *sodd+=a;
        else *seven+=a;
}
int main()
{
    int a,b,s_even,s_odd;
    do scanf("%d%d",&a,&b);
    while(b-a<=10);
    sum(a,b,&s_even,&s_odd);
    printf("%d %d\n",s_odd,s_even);
    return 0;
}
```

案例 5-14   两数的和与差是素数吗

【问题描述】输入两个正整数，判断并输出两数的和与差（取绝对值）是否为素数。

【输入】

7 18

【输出】

7+18=25, No

18-7=11, Yes

【问题解析】素数是只能被 1 和本身所整除的正整数（1 除外），如 2、3、5、7、11 等。在上述输入/输出示例中，输入两个正整数 7 和 18，两数之和为 25，不是素数，两数之差为 11，是素数。

【参考代码】

```c
#include <stdio.h>
char *isprime(int n)
{
    int i;
    if(n<2)    return "No";
    for(i=2; i<n; i++)
        if(n%i==0)    return "No";
    return "Yes";
```

```c
}
int main()
{
    int a,b;
    scanf("%d%d",&a,&b);
    printf("%d+%d=%d, %s\n",a,b,a+b,isprime(a+b));
    if(b>a){
        a=a+b;
        b=a-b;
        a=a-b;
    }
    printf("%d-%d=%d, %s\n",a,b,a-b,isprime(a-b));
    return 0;
}
```

【参考解释】注意 isprime 函数的返回值是一个字符指针。这是因为，需要返回的是一个字符串（"No"或"Yes"），而不是一个字符。因此，我们选择字符指针返回字符串的首地址即可。另一种思路是，返回 int 型数 0 或 1，用 0 和 1 分别表示"No"和"Yes"。

案例 5-15   小写英文字母的筛选

【问题描述】从键盘输入一个字符串，选择其中的小写英文字母并输出。

【输入 1】Hello, Everybody.

【输出 1】elloverybody

【输入 2】ABC, abc, DEF, 123.

【输出 2】abc

【问题解析】构造函数 str_select_low(char b[], char a[])，筛选出数组 a 中的所有小写英文字母，并存放在数组 b 中。

【参考代码】

```c
#include <stdio.h>
#include <string.h>
char *str_select_low( char b[], char a[] )
{
    int i, k = 0;
    for ( i=0; a[i]!='\0'; i++ )
        if ( a[i]>='a' && a[i]<='z' )
            b[k++] = a[i];
    b[k] = '\0';
    return b;
```

```
}
int main()
{
    char a[100], b[100];
    gets(a);
    str_select_low(b, a);
    puts(b);
    return 0;
}
```

【参考解释】str_select_low 函数从数组 a 中选择小写英文字母并存放到数组 b 中,同时返回数组 b 的首地址。函数中变量 i 用于遍历数组 a,变量 k 用于小写英文字母个数计数,同时表示数组 b 的下标。主函数从键盘接收输入的字符串,调用 str_select_low 函数选取其中的小写英文字母放到数组 b 中,并输出数组 b。

案例 5-16   动态数组中的最小数

【问题描述】首先输入数组长度 n,再输入 n 个数,最后编写函数找出数组中的最小数及其下标并输出。

【输入】

5

3 2 4 1 5

【输出】

最小的数为:1

它的下标为:3

【问题解析】编写函数 isort(int n),根据输入的 n 为数组动态申请内存并赋值,然后找出数组中的最小数及其下标。

【参考代码】

```
#include<stdio.h>
#include <string.h>
void isort(int n)
{
    int *c1;
    c1 = (int*)malloc(sizeof(int)*(n+1));
    int i = 1, k = 0;
    for (; i <= n; i++)
    {
        scanf("%d", &c1[i]);
```

```
    }
    int min = 0;
    min = c1[1];
    for ( i = 1; i <= n; i++)
    {
        if (c1[i]<min)
        {
            min = c1[i];
        }
    }
    printf("最小的数为: %d\n",min);
    printf("它的下标为: ");
    for ( i = 1; i <= n; i++)
    {
        if (c1[i]==min)
        {
            printf("%d",i - 1);
            k = k + 1;
            if (k % 5 == 0)
            {
                printf("\n");
            }
        }
    }
    free(c1);
}
int main()
{
    int n;
    printf("请输入整数的个数: ");
    scanf("%d",&n);
    isort(n);
    return 0;
}
```

案例 5-17   查找完全数

【问题描述】如果一个数恰好等于它的所有约数(除了它本身)之和,就称之为完全数。例如,6 的约数有 1、2 和 3,并且 1+2+3=6。因此,6 为完全数。输入 n,求出小于或等于 n 的所有完全数并输出。

【输入1】30

【输出1】6 28

【输入2】500

【输出2】6 28 496

【问题解析】构造函数 find(int n)，计算 n 以内的所有完全数并输出。在判断某个数 i 是否为完全数时，动态申请内存大小为 i 的数组以存放 i 的所有约数。

【参考代码】

```c
#include<stdio.h>
#include<stdlib.h>
void find(int n)
{
    int i = 0, k = 1;
    for (i = 4; i <= n; i++)
    {
        int j = 0, m = 1;
        int *temp;
        temp = (int*)malloc(sizeof(int)*i);
        for (m = 1; m <= i / 2; m++)
        {
            if (i % m == 0)
            {
                temp[j] = m;
                j = j + 1;
            }
        }
        int t = 0, sum = 0;
        for (t = 0; t < j; t++)
        {
            sum = sum + temp[t];
        }
        if (sum == i)
        {
            printf("%6d", i);
            k = k + 1;
        }
        if (k % 6 == 0)
        {
            printf("\n");
        }
```

```c
        free(temp);
    }
}
int main()
{
    int n = 0;
    scanf("%d", &n);
    find(n);
    return 0;
}
```

案例 5-18　零值靠后

【问题描述】给定一个长度为 *n* 的数组 nums，编写函数将 nums 中所有值为 0 的元素移至末尾，并保持其他非 0 元素的顺序不变。先输入数组长度 *n*，再输入 *n* 个整数，最后输出处理后的数组。

【输入】

5

0 0 1 2 3

【输出】

1 2 3 0 0

【问题解析】构造函数 moveZeroes(int* nums, int numsSize)，实现上述功能。注意，这里需要根据输入的数值动态分配数组内存。

【参考代码】

```c
#include <stdio.h>
#include <stdlib.h>
void moveZeroes(int* nums, int numsSize)
{
    int m = 0, i;
    for ( i = 0; i < numsSize; i++)
    {
        if (nums[i] == 0)
        {
            m++;
        }
        else if (m > 0)
        {
            nums[i - m] = nums[i];
            nums[i] = 0;
```

```
            }
        }
    }
    int main()
    {
        int n, i;
        scanf("%d",&n);
        int *a = (int *)malloc(n*sizeof(int));
        for (i=0; i<n; i++)
        {
            scanf("%d", &a[i]);
        }
        moveZeroes(a, n);
        for (i=0; i<n; i++)
        {
            printf("%d ", a[i]);
        }
        return 0;
    }
```

案例 5-19   动态数组中的数值查找

【问题描述】在数组中，查找值为 x 的元素，并输出该元素的下标。若数组中没有值为 x 的元素，则输出 "Not found."。先输入数组长度 n 和由 n 个整数组成的数组，然后输入待查找整数 x，最后输出查找结果。

【输入 1】

5

1 2 3 4 5

4

【输出 1】

3

【输入 2】

3

1 2 3

4

【输出 2】

Not found.

【问题解析】编写函数 find(int *p, int n, int x)，在指针 p 指向的长度为 n 的数组中，查找是否存在元素 x。

【参考代码】

```
#include <stdio.h>
#include <stdlib.h>
int find(int *p, int n, int x)
{
    int i, index;
    for(i=0; i<n; i++)
    {
        if(p[i] == x)
        {
            index = i;
            return index;
        }
    }
    return -1;
}
int main()
{
    int n, i, x, index;
    scanf("%d",&n);
    int *a = (int *)malloc(n*sizeof(int));
    for (i=0; i<n; i++)
    {
        scanf("%d", &a[i]);
    }
    scanf("%d", &x);
    index = find(a, n, x);
    if(index >= 0){
        printf("%d", index);
    }else{
        printf("Not found.");
    }
    return 0;
}
```

案例 5-20   数的排列

【问题描述】输入一个正整数 n，输出 $1\sim n$ 这 n 个正整数的所有排列。

【输入】

3

【输出】

1	2	3
1	3	2
2	1	3
2	3	1
3	1	2
3	2	1

【问题解析】使用 malloc()申请每种排列的内存空间。

【参考代码】

```c
#include <stdio.h>
#include <stdlib.h>
void printlist( int a[], int n )
{
    /*本函数输出数组 a 中的所有元素*/
    int i;
    for ( i=0; i<n; i++ )
        printf( "%d\t",a[i]);
    printf("\n");
}
void swap( int *p, int *q )
{
    /*本函数交换指针 p 和 q 所指向变量的值*/
    int t;
    t=*p;
    *p=*q;
    *q=t;
}
int main()
{
    /*输入 n, 并输出 1 至 n 各数的所有排列*/
    int n, *a, m, k, i, j;
    scanf( "%d", &n );      /*输入变量 n*/
    /*申请 n 个 int 型变量的内存空间*/
    a = malloc( n*sizeof(int) );/*假设内存申请成功*/
    /*初始化第一种排列的值，按升序顺序*/
    for ( i=0; i<n; i++ )
        a[i] = i+1;
    /*输出第一种排列*/
    printlist( a, n );
    /*以下 while 语句无限循环直到输出所有排列*/
    while ( 1 )
    {
        /*从右边找到第一个升序的元素下标赋给 m*/
        /*a[m]至 a[m+1]为升序, a[m+1]以后为降序*/
        /*在下一种排列中, a[m]应选择一个更大的数*/
        m = n-2;
        while ( (m>=0) && (a[m]>a[m+1]) )
            m--;
        /*如果所有元素均为降序，则所有排列已输
          出完，退出循环*/
        if ( m<0 )break;
        /*从右边找到第一个正好大于 a[m]的数,
          其下标为 k, 则 a[k]是 a[m]以后各元素中
          正好大于 a[m]的一个值*/
        k = n-1;
        while ( a[m] > a[k] )
            k--;
        /*在下一种排列中, a[m]应改为 a[k], 故交
          换 a[m]与 a[k], 交换后, a[m+1]以后的元
          素仍为降序*/
        swap(a+m,a+k);
        /*将从 a[m+1]开始的其他元素按升序重新
          排列, a[m+1]至 a[n-1]为降序, 故逆序排
          列 a[m+1]以后的各元素*/
        for ( i=m+1,j=n-1; i<j; i++,j-- )
            swap( a+i, a+j );
        /*下一种排列的生成完毕，输出该排列*/
        printlist( a, n );
    }
    /*释放开始时申请的内存空间*/
    free( a );
    return 0;
}
```

5.3 习　　题

一、选择题

1. 下列不正确的定义是_____。

   A）int *p=&i,i;　　　　B）int *p,i;　　　　C）int i,*p=&i;　　　　D）int i,*p;

2. 若有 int n=2,*p=&n,*q=p;，则以下非法的赋值语句是_____。

   A）p=q　　　　B）*p=*q　　　　C）n=*q　　　　D）p=n

3. 若有 int a[10];，则_____是对指针变量 p 的正确定义和初始化。

   A）int p=*a;　　　　B）int *p=a;　　　　C）int p=&a;　　　　D）int *p=&a;

4. 若有 int a[5],*p=a;，则对数组元素的正确引用是_____。

   A）a[p]　　　　B）p[a]　　　　C）*(p+2)　　　　D）p+2

5. 若有 int a[10]={1,2,3,4,5,6,7,8,9,10},*P=a;，则数值为 9 的表达式是_____。

   A）*P+9　　　　B）*(P+8)　　　　C）*P+=9　　　　D）P+8

6. 若有以下程序：

```
       void fun(float*a,float*b)
       {   float w;
           *a=*a+*a;w= *a;*a= *b;*b=W;
       }
       int main()
       {   float x=2.0,y=3.0,*px=&x,*py=&y;
           fun(px,py);printf("%.0f,%.0f\n",x,y);
           return 0;
       }
```

程序的输出结果是_____。

   A）4,3　　　　B）2,3　　　　C）3,4　　　　D）3,2

二、填空题

1. 设有 int a[10],*p=a;，则对 a[3]的引用可以是 p[___(1)___]和*(p___(2)___)。

2. 设有 char *a="ABCD";，则 printf("%s",a)的输出是____(1)____，而 printf("%c",*a)的输出是____(2)____。

3. Mystrlen 函数的功能是计算形参指针 p 所指向的字符串的长度（实际字符的长度不包括串结束符'\0'）。在画线处填写适当的表达式或语句，完成函数的功能。

```
       int Mystrlen(char *p)
       {
           int len=0;
           for(;*p!='\0';p++)
           {
               ___(1)___
           }
           return ___(2)___ ;
       }
```

4. 下面两个函数分别用字符数组和字符指针作为函数参数实现从字符串 s 中删除指定字符 ch

的功能。在画线处填写适当的表达式或语句，完成函数的功能。

```c
void delchar(char s[],char ch)
{
    int i,j;
    for(i=j=0;s[i]!=___(1)___;i++)
    {
        if(s[i]!=___(2)___)
        {
            s[j]=s[i];   /*不是 ch 的字符留下*/
            j++;
        }
    }
    s[j]=___(3)___;   /*在字符串末尾添加结束标志*/
}

void delchar(char *s,char ch)
{
    char *p,*q;
    for(p=q=s;*p!=___(4)___;p++)
    {
        if(*p!=___(5)___)
        {
            *q=*p;    /*不是 ch 的字符留下*/
            ___(6)___; /*新字符串指针向后移动*/
        }
    }
    *q=___(7)___;   /*在字符串末尾添加结束标志*/
}
```

习题参考答案

一、选择题

1．A　　2．D　　3．B　　4．C　　5．B　　6．C

二、填空题

1．（1）3　　　　　（2）+3

2．（1）ABCD　　（2）A

3．（1）len++;　　（2）len;

4．（1）'\0'　　　（2）ch　　（3）'\0'　　（4）'\0'　　（5）ch　　（6）q++　　（7）'\0'

第6章 结构体与文件

6.1 知 识 点

6.1.1 结构体

定义结构体类型的一般形式为：

```
struct 结构体类型名
{
        数据类型 成员 1 的名字;
        数据类型 成员 2 的名字;
        …
        数据类型 成员 n 的名字;
};
```

① 结构体是一种构造类型，在说明和使用结构体变量之前必须先定义结构体类型。

② 结构体由若干成员组成，每个成员都可以是一个基本数据类型，也可以是一个构造类型。在使用结构体变量时，除了允许对具有相同类型的结构体变量进行整体赋值，一般对结构体变量的使用，包括输入、运算、赋值、输出等，都是通过结构体变量的成员来实现的。

③ 结构体指针变量可以指向一个结构体变量、结构体数组，也可以指向结构体数组中的一个元素，但是不能指向一个结构体变量的成员。

④ 可以结合 typedef 来重新定义结构体名称：

```
typedef struct 结构体类型名
{
        数据类型 成员 1 的名字;
        数据类型 成员 2 的名字;
        …
        数据类型 成员 n 的名字;
} 新名称;
```

例如，定义 student 结构体类型如下：

```
struct student{                              typedef struct student{
int num;              /* 学号 */                int num;              /* 学号 */
char name[10];        /* 姓名 */                char name[10];        /* 姓名 */
int math,english,computer;  /* 三门课程成绩 */   int math,english,computer;   /* 三门课程成绩 */
double average;       /* 个人平均成绩 */          double average;        /* 个人平均成绩 */
};                                           }STU;
```

因此，实际使用时，struct student stu1; 和 STU stu1; 效果等价

定义结构体指针并赋值：

```
struct student *p;
struct student s1 = {1001, "ZhangLi", 78, 87, 85};
p = &s1;
```

通过结构体指针访问结构体变量的成员有以下两种方法：

① 可以用*p 访问结构体变量的成员，如：

    (*p).num = 1002;   //等价于 s1.num = 1002;

② 可以用成员访问运算符"->"访问指针指向的结构体变量的成员，如：

    p->num = 1002;

6.1.2　文件

文件是计算机中永久存储信息的方式，在 C 语言中使用文件指针指向一个文件，并通过文件指针对它所指向的文件进行各种操作。定义文件指针变量的一般形式为：

    FILE *文件结构指针变量名

① 只有通过文件指针才能对其关联的文件进行处理，因此对任何一个要操作的文件都必须定义一个指向该文件的指针。

② 对文件进行读/写操作之前要先打开该文件，操作完毕要关闭该文件。关闭文件后，禁止再对该文件进行操作。

③ 在 C 语言中，文件操作由库函数来完成。例如，字符读/写函数 fgetc()和 fput()，字符串读/写函数 fgets()和 fputs()，数据块读/写函数 fread()和 fwrite()，格式化读/写函数 fscanf()和 fprintf()等。

6.2 案 例 实 践

案例 6-1　甲流病人初筛

【问题描述】在甲流（甲型流感）盛行时期，为了更好地进行分流治疗，医院在病人挂号时要求对病人的体温和咳嗽情况进行检查，对于体温大于或等于 37.5℃并且咳嗽的病人初步判定为甲流病人（初筛）。现需要统计某天挂号就诊的病人中有多少人被初筛为甲流病人。要求：输入第 1 行是某天挂号就诊的病人数 n（$n<100$）；其后的 n 行，每行输入一个病人的信息，包括姓名（字符串，不含空格，最多 20 个字符）、体温、是否咳嗽（整数，1 表示咳嗽，0 表示不咳嗽）这三项，三项之间以一个空格分隔。输出时，按输入的顺序依次输出所有被初筛为甲流的病人的姓名，每个姓名均另起一行输出。全部姓名输出完之后，再另起一行输出被初筛为甲流的病人的数量。

【输入】

```
5
Zhang 38.3 0
Li 37.5 1
Wang 37.1 1
Zhao 39.0 1
Liu 38.2 1
```

【输出】

```
Li
Zhao
Liu
3
```

【参考代码】

```c
#include <stdio.h>

typedef struct ing
{
    char name[20];
    double temperature;
    int cough;
}ing;

int main()
{
    int n, count = 0;
    ing people[101];
    scanf("%d", &n);

    for (int i = 0; i < n; i++)
    {
        //从键盘输入姓名、体温、是否咳嗽
        //并判断是否初筛为甲流，若是，则加入数组中
        scanf("%s %lf %d", people[count].name, &people[count].temperature, &people[count].cough);
```

```
        if (people[count].temperature >= 37.5 && people[count].cough == 1)
        {
            count++;
        }
    }

    //循环输出初筛为甲流的病人
    for (int i = 0; i < count; i++)
    {
        printf("%s\n",people[i].name);
    }
    printf("%d\n", count);
    return 0;
}
```

案例 6-2 成绩排名

【问题描述】给出班里学生某门课程的成绩单，按照成绩从高到低对成绩单排序输出，如果成绩相同，则将学生名字字典序小的放在前面。要求：输入第 1 行为 n（$1 \leqslant n \leqslant 100$），表示班里学生的数目；其后的 n 行，每行输入一个学生的名字和成绩，中间用一个空格分隔。名字只包含英文字母（无空格）且长度不超过 20，成绩为不大于 100 的非负整数。

【输入】	【输出】
4	Joey 92
Kitty 80	Hanmeimei 90
Hanmeimei 90	Kitty 80
Joey 92	Tim 28
Tim 28	

【参考代码】

```c
#include <stdio.h>

typedef struct node
{
    char name[20];
    int score;
} Node;

//交换两个节点
void swap(Node *a, Node *b)
{
    Node temp = *a;
    *a = *b;
```

```
        *b = temp;
}
int main()
{
    int n;
    scanf("%d", &n);
    Node stu[20];
    for (int i = 0; i < n; i++)
    {
        scanf("%s %d", stu[i].name, &stu[i].score);
    }
    for (int i = 0; i < n; i++)
    {
        for (int j = i + 1; j < n; j++)
        {
            if (stu[i].score < stu[j].score || (stu[i].score == stu[j].score && strcmp(stu[i].name, stu[j].name) > 0))
            {
                swap(&stu[i], &stu[j]);
            }
        }
    }
    for (int i = 0; i < n; i++)
    {
        printf("%s %d\n", stu[i].name, stu[i].score);
    }
    return 0;
}
```

案例 6-3   约瑟夫环

【问题描述】约瑟夫环问题：有 n 只猴子，按照顺时针方向围成一圈选猴王（编号为 1~n）。猴子从 1 开始报数，一直报到 m，报 m 的猴子退出圈外，剩下的猴子再接着从 1 开始报数。就这样，当圈内只剩一只猴子时，这只猴子就是猴王。输入 n 和 m 后，输出猴王的编号。要求：每行输入用空格分开的两个整数，第一个是 n，第二个是 m（0<m,n≤300）；最后一行输入 0 0 表示结束输入。

【输入】	【输出】
6 2	5
12 4	1
8 3	7
0 0	

```c
#include <stdio.h>
#include <stdlib.h>
typedef struct node
{
    //num 记录这个节点对应的猴子编号
    int num;
    //next 指向节点的后继，pre 指向节点的前驱
    struct node *next, *pre;
} NODE, *Node;
int main()
{
    int n, m;
    //判断 n 和 m 是否均为 0
    while (scanf("%d %d", &n, &m), n || m)
    {
        Node head = (Node)malloc(sizeof(NODE));
        head->num = 1;
        head->next = head->pre = NULL;
        Node tail = head;
        Node p;
        for (int i = 2; i <= n; i++)
        {
            //创建编号为 i 的节点
            p = (Node)malloc(sizeof(NODE));
            p->num = i;
            tail->next = p;
            //p 插在 tail 的后面
            p->pre = tail;
            p->next = NULL;
            //更新 tail 为 p，下次插在它的后面
            tail = p;
        }
        head->pre = tail;
        //建立环状链表
        tail->next = head;
        p = head;
        //循环 n-1 次，删除 n-1 个节点
        for (int i = 1; i < n; i++)
```

```
        {
            //报数
            for (int j = 1; j < m; j++)
            {
                p = p->next;
            }
            //删除报 m 的节点
            p->next->pre = p->pre;
            p->pre->next = p->next;
            p=p->next;
        }
        //输出最后剩下的节点
        printf("%d\n",p->num);
    }
    return 0;
}
```

案例 6-4 通讯录

【问题描述】建立一个通讯录的结构记录，包括姓名、年龄、电话号码。输入 n（$n<10$）个朋友的信息，再按他们的年龄从小到大的顺序依次输出其信息。要求：输入第 1 行为 n（$1 \le n \le 100$），表示朋友的数目；其后的 n 行，每行输入一个朋友的名字、年龄和手机号码，中间用一个空格分隔。名字只包含英文字母（无空格）且长度不超过 10，年龄为一个不大于 100 的非负整数，电话号码长度不超过 20。

【输入】

```
5
Zhangsan 18 18155484671
Lisi 16 18135351122
Wangwu 19 18135497516
Liming 15 18756491257
Hanmeimei 20 18135461249
```

【输出】

```
Liming 15 18756491257
Lisi 16 18135351122
Zhangsan 18 18155484671
Wangwu 19 18135497516
Hanmeimei 20 18135461249
```

【参考代码】

```
#include <stdio.h>
#define N 10

struct friends_list
{
    char name[10];
    int age;
    char phone[20];
```

```
};

void sort(struct friends_list list[], int n)
{
    int i, j;
    struct friends_list temp;
    for (i = 1; i < n; i++)
        for (j = 0; j < n - i; j++)
            if (list[j].age > list[j + 1].age)
            {
                temp = list[j];
                list[j] = list[j + 1];
                list[j + 1] = temp;
            }
}

int main()
{
    struct friends_list fl[N];
    int i, n;
    scanf("%d", &n);
    for (i = 0; i < n; i++)
    {
        scanf("%s %d %s", fl[i].name, &fl[i].age, fl[i].phone);
    }
    sort(fl, n);
    for (i = 0; i < n; i++)
        printf("%s %d %s\n", fl[i].name, fl[i].age, fl[i].phone);
    return 0;
}
```

案例 6-5　计算两个日期的差值

【问题描述】计算并输出日期 1 和日期 2 的差值。要求：日期 1 和日期 2 分两行输入；日期的输入形式为"年 月 日"，中间为一个空格；输出的差值用天数表示。注意判断闰年。

【输入】	【输出】
2020 1 26	相差天数
2020 9 6	224

【参考代码】

```c
#include <stdio.h>
typedef struct date
{
    int year;
    int month;
    int day;
} Date;
int isLeap(int year);
int dif(Date a, Date b);
int main()
{
    Date a, b;
    scanf("%d %d %d", &a.year, &a.month, &a.day);
    scanf("%d %d %d", &b.year, &b.month, &b.day);
    printf("相差天数\n");
    printf("%d \n", dif(a, b));
    return 0;
}
int isLeap(int year)    //判断闰年
{
    if (year % 400 == 0 || (year % 4 == 0 && year % 100 != 0))
        return 1;
    else
        return 0;
}
int dif(Date a, Date b)
{
    int i = 0;
    long day = 0;
    int d[2][13] = {{0, 31, 28, 31, 30, 31, 30, 31, 31, 30, 31, 30, 31}, {0, 31, 29, 31, 30, 31, 30, 31, 31, 30, 31, 30, 31}};
    for (i = a.year; i < b.year; i++)    //从年份 a 到年份 b 前一年的总天数
    {
        if (isLeap(i))
            day += 366;
        else
            day += 365;
    }
```

```
    for (i = 1; i < b.month; i++)      //加上年份 b 从年初到当天的总天数
    {
        day += d[isLeap(b.year)][i];
    }
    day += b.day;
    for (i = 1; i < a.month; i++)      //减去年份 a 从年初到当天的总天数
    {
        day -= d[isLeap(a.year)][i];
    }
    day -= a.day;
    return day;
}
```

案例 6-6　一元多项式加法

【问题描述】 实现一元多项式加法器，输入两个一元稀疏多项式，然后对它们进行加法操作。在具体实现上，要求用线性链表来存储一个多项式，每个链表中的节点包含两个成员变量：系数和指数（均为整数）。例如：

$$A(x) = 75 + 30x + 95x^8 + 50x^9$$
$$B(x) = 80x + 25x^7 + 90x^8$$

说明：

① 链表中的节点是根据需要动态创建的。

② 多项式中的系数可正可负；指数肯定是非负整数，且按照递增顺序排列。

输入格式： 第 1 行是一个整数 M，表示第一个多项式的项数。

接下来的 M 行，每行输入两个整数 c_i 和 e_i，分别表示多项式第 i 项（$i=1,2,\cdots,M$）的系数和指数。

接着再输入第二个多项式，方法同第一个多项式。

输出格式： 两个多项式相加的结果。第 1 行是整数 K，表示新多项式的项数。

接下来的 K 行，每行输出两个整数，分别表示多项式第 i 项（$i=1,2,\cdots,K$）的系数和指数。

【输入】	【输出】
4	5
75 0	75 0
30 1	110 1
95 8	25 7
50 9	185 8
3	50 9
80 1	
25 7	
90 8	

```
#include <stdio.h>

#include <stdlib.h>

typedef struct polynomial

{

    int c;

    int e;

    struct polynomial *next;

} node, *Polynomial;


Polynomial create(int);

void print(Polynomial);

Polynomial add(Polynomial, Polynomial);


int main()

{

    Polynomial a, b, p0, p;

    int m, m2, i, n = 0;

    //第一个多项式

    scanf("%d", &m);

    a = create(m);

    //第二个多项式

    scanf("%d", &m);

    b = create(m);

    p0 = add(a, b);

    p = p0;

    while (p != NULL)

    {

        n++;

        p = p->next;

    }

    printf("%d\n", n);

    print(p0);

    return 0;

}


Polynomial create(int m)

{
```

```
    Polynomial head = NULL;
    head = (Polynomial)malloc(sizeof(node));
    scanf("%d%d", &head->c, &head->e);
    Polynomial p = head;
    for (int i = 1; i < m; i++)
    {
        Polynomial temp = (Polynomial)malloc(sizeof(node));
        scanf("%d%d", &temp->c, &temp->e);
        p->next = temp;
        p = temp;
    }
    p->next = NULL;
    return head;
}
void print(Polynomial head)
{
    Polynomial p;
    p = head;
    while (p != NULL)
    {
        printf("%d %d\n", p->c, p->e);
        p = p->next;
    }
}


Polynomial add(Polynomial a, Polynomial b)
{
    Polynomial p1, p2, p3;
    p1 = a;
    while (b != NULL)              //b 加入 a 中
    {
        p3 = b;
        b = p3->next;
        while (p1->e < p3->e && p1->next != NULL)
        {
            p2 = p1;
            p1 = p1->next;
        }
```

```
        if (p1->e > p3->e)          //如果 p1 的幂次大
        {
            if (p1 == a)
            {
                a = p3;
                p3->next = p1;
            }
            else
            {
                p2->next = p3;
                p3->next = p1;
            }
        }
        else if (p1->e == p3->e)     //若相等则相加
        {
            p1->c = p1->c + p3->c;
            if (p1->c == 0)          //相加后系数为 0，删除节点
            {
                if (p1 == a)
                {
                    a = p1->next;
                }
                else
                {
                    p2->next = p1->next;
                    p1 = p1->next;
                }
            }
        }
        else                         //p1 移动至末尾
        {
            p1->next = p3;
            p3->next = NULL;
        }
    }
    return a;
}
```

案例 6-7 按行读取文件

【问题描述】打开文件 hello.txt。然后按行读取文件中的每一行并输出。若该文件不存在，则输出"Can not load the file!"。

【文件内容】	【输出】
Hello	Hello
World	World

【参考代码】

```c
#include <stdio.h>
#include <string.h>
int main()
{
    FILE *fp;
    char line[1000];
    fp = fopen("hello.txt", "r");
    if (fp == NULL)
    {
        printf("Can not load the file!");
        return 1;
    }
    while (!feof(fp))
    {
        memset(line, 0, sizeof(line));
        fgets(line, sizeof(line) - 1, fp);    //包含换行符
        printf("%s", line);
    }
    fclose(fp);
    return 0;
}
```

案例 6-8 复制文件

【问题描述】实现文件复制功能并输出复制的字节数。要复制的文件大小不超过 2GB。

【参考代码】

```c
#includc <stdio.h>
long CopyFile(const char *file_1, const char *file_2)
{
    FILE *pfRead = fopen(file_1, "rb");    //pfRead 为复制源文件
    FILE *pfWrite = fopen(file_2, "wb");    //pfWrite 为目标文件
    if (NULL == pfRead || NULL == pfWrite)
    {
        fclose(pfRead);
        fclose(pfWrite);
```

```
        return -1;
    }
    long bytesCount = 0;   //统计复制的字节数，用 long 型数，表示文件大小不超过 2GB


    /* 因为 C 没有 byte 类型，所以这里用 char 型替代。对大多数机器来说，char 型都是单字节的   */
    int arrLen = 1024;   //缓存数组元素的大小
    char bufArr[arrLen];   //缓存数组，其所占字节数是 elementSize*arrLen
    int copiedLen;   //用来记录 fread 函数每次真正读取的元素数
    int elementSize = sizeof(bufArr[0]);
    do
    {
        copiedLen = 0;
        copiedLen = fread(bufArr, elementSize, arrLen, pfRead);
        fwrite(bufArr, elementSize, copiedLen, pfWrite);
        bytesCount += copiedLen*elementSize;
    } while (copiedLen == arrLen);
    //关闭流
    fclose(pfRead);
    fclose(pfWrite);
    return bytesCount;
}


/**hello.txt 必须存在，to.txt 可以不存在，会自动创建该文件
*如果 to.txt 已存在，则会被覆盖掉
*(友情提示：注意保存重要的文件，别被"盖"了!)
**/


int main()
{
    char *f1 = "hello.txt";
    char *f2 = "to.txt";

    printf("Copy File 1: %s\n To File 2: %s\n", f1, f2);
    puts("Copying...");

    long bytesCount = CopyFile(f1, f2);
    if (bytesCount < 0)
    {
        puts("Fail to copy.");
    }
    else
```

```
        {
            printf("    %ld bytes wrote into %s.\n", bytesCount, f2);
        }
        return 0;
}
```

案例 6-9　统计成绩

【问题描述】将文件 score.txt 中存储的学生信息按照班级编号升序排列，每个班级中的学生数可以不同。要求：读取文件中所有学生的成绩，计算每个班级的平均成绩，输出班级编号和平均成绩。

【文件内容】

145811	fuxin	100
145811	chengxian	90
145812	zhangxue	92
145812	lijun	88
145813	ha	100
145813	hd	300
145813	hf	200

【输出】

145811	95
145812	90
145813	200

【参考代码】

```
#include <stdio.h>
#include <stdlib.h>
int main()
{
    int num=0;//班级人数计数
    int sumScore =0;//累计成绩
    int curClass=0;//当前班级
    int curScore=0;//当前成绩
    int lastClass=0;//上一个班级
    int readItems=0;//正确读入数据个数
    FILE *fin;//输入文件
    fin=fopen("score.txt","r");
    if(!fin)//文件打开失败
    {
        fprintf(stderr,"error open file!"); //输出错误信息到标准输出
        exit(-1);//强制退出，并返回错误码
    }
    lastClass=0;
    char s[100];
    //%*s 表示忽略姓名部分
    while((readItems=fscanf(fin,"%d %*s %d",&curClass,&curScore))!=EOF)//*表示跳过
    {
```

```
        if(readItems!=2)
            break;
        if(lastClass==curClass||lastClass==0)
        {

            num++;
            sumScore +=curScore;
            lastClass=curClass;

        }
        else
        {

            if(num==0) return 0;
            printf("%d\t%d\n",lastClass,sumScore/num);
            sumScore=curScore;
            lastClass=curClass;
            num=1;

        }
    }
    printf("%d\t%d\n",lastClass,sumScore/num);
    fclose(fin);
    return 0;
}
```

案例 6-10　排序保存

【问题描述】从键盘读入若干个字符，对它们按降序排列，然后把排好序的字符串送到磁盘文件中保存。要求：输入一行字符（无须用空格分隔），按回车键结束；将排好序的字符串输出到文件 file.dat 中。

【参考代码】

```
#include <stdio.h>
#include <stdlib.h>
#define MAXSIZE 1000
int main()
{
    FILE *fp;
    char str[MAXSIZE];
    int ch;
    int i;//字符个数
    if((fp=fopen("file.dat","w"))==NULL)
    {
        printf("error open file");
        exit(1);
    }
```

```
    i=0;
    //从键盘获取数据
    while((ch=getchar())!='\n')
    {
        if(i==(MAXSIZE))
        {
            if(fputs(str,fp)==EOF)//向文件输出数据
            {
                printf("error output to file");
                exit(1);
            }
            i=0;
        }
        //插入排序
        if(i==0)
        {
            str[i]=ch;
        }
        else
        {
            int j;
            for(j=i-1;j>=0 && ch<str[j];j--)
            {
                str[j+1]=str[j];
            }
            str[j+1]=ch;
        }
        i++;
    }
    if(i>0)
        fputs(str,fp);
    fclose(fp);
    return 0;
}
```

案例 6-11   合并成绩

【问题描述】两个班的成绩分别存放在两个文件中。每个文件有多行数据，每行都包含三个变量的值：学号、姓名和成绩（用空格分隔）。现在要将两个班的成绩合并到一起并按照成绩从高到低进行排序，如果成绩相同则按学号由小到大排序。将结果输出到一个文件中。假定两个输入文件名分别为 fin1.dat 和 fin2.dat，输出文件名为 fout.dat。

【输入文件 fin1.dat 内容】

11 陈宇 80

12 张明明 88

13 李国华 60

【输入文件 fin2.dat 内容】

21 李好 68

22 胡秉承 30

23 潘深 88

24 王玉 90

【输出文件 fout.dat 内容】

24 王玉 90

12 张明明 88

23 潘深 88

11 陈宇 80

21 李好 68

13 李国华 60

【参考代码】

```c
#include <stdio.h>
#include <string.h>
#include <stdlib.h>
#define MAXN 200
struct stuNode
{
    char stuID[20];
    char name[20];
    int score;
};
typedef struct stuNode stuType;
int myCompare(stuType m, stuType n)
{
    if (m.score != n.score)
        return n.score - m.score;
    else
        return strcmp(m.stuID, n.stuID);
}
int cmp(const void *a, const void *b)
{
    stuType m = *(stuType *)a, n = *(stuType *)b;
    return myCompare(m, n);
}
void loadData(FILE *fp, stuType *m)
{
    int i = 0;
    while (fscanf(fp, "%s", m[i].stuID) != EOF)
    {
        fscanf(fp, "%s%d", m[i].name, &m[i].score);
        i++;
    }
```

```c
        qsort(m, i, sizeof(stuType), cmp);
        m[i].score = -1;    //设置-1 为边界
}
void merge(stuType *a, stuType *b)
{
        stuType tmp[MAXN];
        int i = 0, j = 0, index = 0;
        while (a[i].score > 0 && b[j].score > 0)
        {
                if (myCompare(a[i], b[j]) < 0)
                        tmp[index++] = a[i++];
                else
                        tmp[index++] = b[j++];
        }
        while (a[i].score > 0) tmp[index++] = a[i++];
        while (a[i].score > 0) tmp[index++] = b[j++];
        tmp[index].score = -1;
        for (i = 0; i < index; i++) a[i] = tmp[i];
}
int main()
{
        stuType a[MAXN], b[MAXN];
        FILE *fin1, *fin2, *fout;
        int i;
        fin1 = fopen("fin1.dat", "r");
        fin2 = fopen("fin2.dat", "r");
        fout = fopen("fout.dat", "w");
        if (!fin1 || !fin2 || !fout)
        {
                printf("error open file");
                exit(1);
        }
        loadData(fin1, a);
        loadData(fin2, b);
        merge(a, b);
        for (i = 0; strlen(a[i].stuID) > 0; i++)
        {
                fprintf(fout, "%s %s %d\n", a[i].stuID, a[i].name, a[i].score);
        }
        return 0;
}
```

案例 6-12　统计数据类型

【问题描述】设文件 number.dat 中存放了一组整数。统计并输出文件中正整数、零和负整数的个数。

【文件内容】1 78 -1 0 4 -65 -19 0 0 0 345

【输出】positive:　4, negative:　3, zero:　4

【参考代码】

```
#include <stdio.h>
FILE *fp;
int main()
{
    int p=0,n=0,z=0,temp;
    fp = fopen("number.bat","r");
    if (fp==NULL)
    {
        printf("error open file");
        return -1;
    }
    while (!feof(fp))
    {
        fscanf(fp,"%d",&temp);
        if (temp>0) p++;
        else if(temp<0) n++;
        else z++;
    }
    fclose(fp);
    printf("positive:%3d, negative:%3d, zero:%3d\n",p,n,z);
    return 0;
}
```

案例 6-13　文件加密/解密

【问题描述】设计一种方法，加密和解密文件中的字符。要求：对原文件 1.txt 中的内容采用字符串移位加密算法，即密钥为一个字符串（假定该密钥为"helloworld"），取一个与密钥长度相等的字符串减去密钥，将加密后的字符串存入加密文件 1-Encrypt.txt 中。然后，基于上述加密方法实现对应的解密方法，读取加密文件 1-Encrypt.txt 中的加密内容，解密后存入解密文件 1-Decrypt.txt 中。

【原文件 1.txt 内容】

HelloC!HelloC!HelloC!

【加密文件 1-Encrypt.txt 内容】

霸猱夭!豵~赟?cel 鼗 U?

【解密文件 1-Decrypt.txt 内容】

HelloC!HelloC!HelloC!

```c
#include <stdio.h>
#include <stdlib.h>
#include <string.h>
void Encrypt_str(int passwd[], int len)
{
    FILE *fpr;    //读取原文件 1.txt
    FILE *fpw;    //写入加密文件 1-Encrypt.txt
    char pathr[100] = "1.txt";
    char pathw[100] = "1-Encrypt.txt";
    fpr = fopen(pathr, "rb");    //读模式打开原文件，二进制加/解密最精准
    fpw = fopen(pathw, "wb");    //写模式打开加密文件
    if (fpr == NULL || fpw == NULL)
    {
        printf("文件故障，加密失败!\n");
        return;
    }
    int i = 0;    //标记取出加密数组中的哪一位
    while (!feof(fpr))//一直读到原文件末尾
    {
        char ch = fgetc(fpr);    //读取文本
        if(ch==-1)
        {
            continne;
        }
        /*字符串移位加密*/
        if (i > len - 1)//如果加密数组用完，就重新开始
            i = 0;
        ch = ch + passwd[i];
        i++;    //用完当前字符，移到下一个字符
        fputc(ch, fpw);    //写入文件
    }
    fclose(fpr);
    fclose(fpw);
}
void Decrypt_str(int passwd[], int len)
{
    FILE *fpr;    //读取加密文件 1-Encrypt.txt
    FILE *fpw;    //写入解密文件 1-Decrypt.txt
    char pathr[100] = "1-Encrypt.txt";
    char pathw[100] = "1-Decrypt.txt";
    fpr = fopen(pathr, "rb");    //读模式打开 1-Encrypt.txt
```

```
    fpw = fopen(pathw, "wb");    //写模式打开 1-Decrypt.txt
    if (fpr == NULL || fpw == NULL)
    {
        printf("文件故障，解密失败!\n");
        return;
    }
    int i = 0;
    while (!feof(fpr))//一直读到加密文件末尾
    {
        char ch = fgetc(fpr);    //读取文本
        if(ch==-1)
        {
            continne;
        }
        /*字符串移位解密*/
        if (i > len - 1)//如果解密数组用完，就重新开始
            i = 0;
        ch = ch - passwd[i];
        i++;    //用完当前字符，移到下一个字符
        fputc(ch, fpw);    //写入文件
    }
    fclose(fpr);
    fclose(fpw);
}

int main()
{
    /*字符串移位加密*/
    char passwd[] = "helloworld";
    int n = strlen(passwd);
    Encrypt_str(passwd, n);
    Decrypt_str(passwd, n);
    return 0;
}
```

案例 6-14　学生信息管理系统

【问题描述】设计学生信息管理系统，具备如下功能：

1. 录入学生信息：可以输入学生信息到系统中（从控制台输入学生信息）。
2. 显示学生信息：格式化展示系统中的学生信息。
3. 保存学生信息：将系统中的学生信息保存到本地文件 stuinfo.dat 中。
4. 读取学生信息：读取本地文件 stuinfo.dat 中的学生信息并显示。
5. 统计学生总人数：统计系统中的学生总人数，并显示。

6. 查找学生信息：根据给定的信息（学号）在系统中查找该学生的信息。

7. 修改学生信息：修改系统中的学生信息。

8. 删除学生信息：删除系统中的学生信息。

0. 退出系统。

注：

① 功能 2 需直接输出系统中的学生信息。

② 功能 4 需从本地文件 stuinfo.dat 中读取学生信息再输出。因此，对于通过系统录入的学生信息，需要使用功能 3 将这些信息保存至本地文件 stuinfo.dat 中，之后才能将它们读取出来。

【参考代码】

```c
#include <stdio.h>

#include <stdlib.h>

#include <stdbool.h>

#include <string.h>


//定义一个学生
typedef struct tagStudent
{
    char szName[20]; //姓名
    char szSex[4]; //性别
    int nAge; //年龄
    int nStuNo; //学号
    int nScore; //成绩
} Student;


//链表
//节点
typedef struct tagNode
{
    Student stu;   //学生信息
    struct tagNode *pNext;   //指向下一个节点
} Node;
//创建头节点
Node *g_pHead = NULL;   //指向头节点


void Menu();
void InputStudent();
void PrintStudent();
void SaveStudent();
void ReadStudent();
void CountStudent();
void FindStudent();
```

```c
void ChangeStudent();
void DeleteStudent();
int main()
{
    while (1)
    {
        system("clear");
        //Windows 系统中使用 cls
        //system("cls");
        //显示菜单
        Menu();
        //读取一个字符，字符在内存中映射为 ASCII 码值
        char ch = getchar();
        switch (ch)
        {
            case '1'://1.录入学生信息
                InputStudent();
                break;
            case '2'://2.显示学生信息
                PrintStudent();
                break;
            case '3'://3.保存学生信息
                SaveStudent();
                break;
            case '4'://4.读取学生信息
                ReadStudent();
                break;
            case '5'://5.统计学生总人数
                CountStudent();
                break;
            case '6'://6.查找学生信息
                FindStudent();
                break;
            case '7'://7.修改学生信息
                ChangeStudent();
                break;
            case '8'://8.删除学生信息
                DeleteStudent();
                break;
            case '0'://0.退出系统
                return 0;
```

```
        default:
            printf("输入有误，没有该功能\n\n");
            printf("按任意键继续.....\n");    //暂停
            getchar();
            break;
        }
        getchar();
    }
    return 0;
}

//菜单
void Menu()
{
    printf("***********************************************\n");
    printf("*\t 欢迎使用高校学生成绩管理系统 V1.0\t*\n");
    printf("*\t\t 请选择功能\t\t*\n");
    printf("***********************************************\n");
    printf("*\t\t1.录入学生信息\t\t*\n");
    printf("*\t\t2.显示学生信息\t\t*\n");
    printf("*\t\t3.保存学生信息\t\t*\n");
    printf("*\t\t4.读取学生信息\t\t*\n");
    printf("*\t\t5.统计学生总人数\t\t*\n");
    printf("*\t\t6.查找学生信息\t\t*\n");
    printf("*\t\t7.修改学生信息\t\t*\n");
    printf("*\t\t8.删除学生信息\t\t*\n");
    printf("*\t\t0.退出系统\t\t*\n");
    printf("***********************************************\n");
}


//1.录入学生信息
void InputStudent()
{
    //创建一个学生，在堆中分配内存
    Node *pNewNode = (Node *)malloc(sizeof(Node));
    //下一个指针指向 NULL
    pNewNode->pNext = NULL;
    //查找链表的尾节点
    Node *p = g_pHead;
    while (g_pHead != NULL && p->pNext != NULL)
```

```
    {
        p = p->pNext;
    }

    //把节点插到链表的尾部
    if (g_pHead == NULL)
    {
        g_pHead = pNewNode;
    }
    else
    {
        p->pNext = pNewNode;
    }

    //输入学生信息
    printf("请输入学生姓名：\n");
    scanf("%s", pNewNode->stu.szName);
    printf("请输入性别：\n");
    scanf("%s", pNewNode->stu.szSex);
    printf("请输入年龄：\n");
    scanf("%d", &pNewNode->stu.nAge);
    printf("请输入学号：\n");
    scanf("%d", &pNewNode->stu.nStuNo);
    printf("请输入成绩：\n");
    scanf("%d", &pNewNode->stu.nScore);
    printf("学生信息录入成功\n\n");
    printf("按任意键继续.....\n");
    getchar();
}

//2.显示学生信息
void PrintStudent()
{
    system("clear");
    //Windows 系统中使用 cls
    //system("cls");
    //遍历链表
    Node *p = g_pHead;
    if (p == NULL)
    {
        printf("系统中暂无学生信息，请录入后再查看\n\n");
```

```c
    }
    else
    {
        printf("*********************************************************************\n");
        printf("*\t\t\t 欢迎使用高校学生成绩管理系统 V1.0\t\t\t*\n");
        printf("*********************************************************************\n");
        printf("*\t 学号\t*\t 姓名\t*\t 性别\t*\t 年龄\t*\t 成绩\t*\n");
        printf("*********************************************************************\n");
        while (p != NULL)
        {
            printf("*\t%d\t*\t\t%s\t*\t\t%s\t*\t\t%d\t*\t\t%d\t*\n",
                    p->stu.nStuNo, p->stu.szName, p->stu.szSex, p->stu.nAge, p->stu.nScore);
            //下一个节点
            p = p->pNext;
            printf("*********************************************************************\n");
        }
    }
    printf("按任意键继续.....\n");
    getchar();
}


//3.保存学生信息
void SaveStudent()
{
    //打开文件
    FILE *pFile;
    pFile = fopen("stuinfo.dat", "w");
    if (pFile == NULL)
    {
        printf("打开文件失败\n");
        return;
    }

    //写入数据
    Node *p = g_pHead;
    while (p != NULL)
    {
        //fwrite(&p->stu, sizeof(Node), 1, pFile);
        fprintf(pFile,"%d %s %s %d %d\n",
                p->stu.nStuNo, p->stu.szName, p->stu.szSex, p->stu.nAge, p->stu.nScore);
        p = p->pNext;
```

```
    }
    //关闭文件
    fclose(pFile);
    printf("数据保存成功\n");
    printf("按任意键继续.....\n");
    getchar();
}

//4.读取学生信息
void ReadStudent()
{
    system("clear");
    //Windows 系统中使用 cls
    //system("cls");
    //打开文件
    FILE *pFile;
    pFile = fopen(".\\stuinfo.dat", "r");
    if (pFile == NULL)
    {
        printf("打开文件失败\n");
        return;
    }

    //创建一个学生，在堆中分配内存
    Node *p = (Node *)malloc(sizeof(Node));
    p->pNext = NULL;
    //重新建立链表
    g_pHead = p;

    //逐个单词读入文本内容
    char str[200];
    int i = 0;
    while (fscanf(pFile, "%s", str) != EOF)
    {   //读文件
        //单词不是*或者不为空时，赋值
        if (strcmp(str, "*") && str != NULL)
        {
            switch (i)
            {
                case 0:
```

```
                p->stu.nStuNo = atoi(str);
                break;
            case 1:
                strcpy(p->stu.szName, str);
                break;
            case 2:
                strcpy(p->stu.szSex, str);
                break;
            case 3:
                p->stu.nAge = atoi(str);
                break;
            case 4:
                p->stu.nScore = atoi(str);
                break;
            default:
            {
                Node *pNewNode = (Node *)malloc(sizeof(Node));
                pNewNode->pNext = NULL;
                p->pNext = pNewNode;
                p = pNewNode;
                p->stu.nStuNo = atoi(str);
                i = 0;
                break;
            }
            }
            i++;
        }
    }
    //显示读取结果
    PrintStudent();
}

//5.统计学生总人数
void CountStudent()
{
    int countStu = 0;
    //遍历链表
    Node *p = g_pHead;
    while (p != NULL)
    {
        countStu++;
```

```
            p = p->pNext;
    }
    printf("学生总人数：%d\n\n", countStu);
    printf("按任意键继续.....\n");
    getchar();
}

//6.查找学生信息
void FindStudent()
{
    system("clear");

    //Windows 系统中使用 cls
    //system("cls");
    //以学号为查找示例，其他信息查找流程基本相似
    int stuNum;
    printf("请输入要查找学生的学号：");
    scanf("%d", &stuNum);
    //遍历链表进行查找，找到后显示信息
    Node *p = g_pHead;
    //对表头进行一次展示
    bool isShowHead = false;
    //记录是否找到该学号的学生信息
    bool isFindStu = false;
    while (p != NULL)
    {
        if (stuNum == p->stu.nStuNo)
        {
            if (!isShowHead)
            {
                printf("***********************************************************\n");
                printf("*\t 学号\t*\t 姓名\t*\t 性别\t*\t 年龄\t*\t 成绩\t*\n");
                printf("***********************************************************\n");
                isShowHead = true;
            }
            printf("*\t%d\t*\t%s\t*\t%s\t*\t%d\t*\t%d\t*\n",
                    p->stu.nStuNo, p->stu.szName, p->stu.szSex, p->stu.nAge, p->stu.nScore);
            isFindStu = true;
            printf("***********************************************************\n");
        }
        p = p->pNext;
```

```
    }

    if (!isFindStu)
    {
        printf("学号输入有误，系统中暂无该学生信息\n\n");
    }
    printf("按任意键继续.....\n");
    getchar();
}

//7.修改学生信息
void ChangeStudent()
{
    //以学号为查找示例，其他信息查找流程基本相似
    int stuNum;
    printf("请输入要修改学生的学号：");
    scanf("%d", &stuNum);
    //遍历链表进行查找，找到后显示信息
    Node *p = g_pHead;
    //对表头进行一次展示
    bool isShowHead = false;
    //记录是否找到该学号的学生信息
    bool isFindStu = false;
    while (p != NULL)
    {
        if (stuNum == p->stu.nStuNo)
        {
            if (!isShowHead)
            {
                printf("*****************************************************************************\n");
                printf("*\t 学号\t*\t 姓名\t*\t 性别\t*\t 年龄\t*\t 成绩\t*\n");
                printf("*****************************************************************************\n");
                isShowHead = true;
            }
            printf("*\t%d\t*\t\t%s\t*\t%s\t*\t%d\t*\t%d\t*\n",
                    p->stu.nStuNo, p->stu.szName, p->stu.szSex, p->stu.nAge, p->stu.nScore);
            //修改学生信息
            printf("请输入学生姓名：\n");
            scanf("%s", p->stu.szName);
            printf("请输入性别：\n");
            scanf("%s", p->stu.szSex);
```

```
            printf("请输入年龄: \n");
            scanf("%d", &p->stu.nAge);
            printf("请输入学号: \n");
            scanf("%d", &p->stu.nStuNo);
            printf("请输入成绩: \n");
            scanf("%d", &p->stu.nScore);
            isFindStu = true;
            printf("*************************************************************************\n");
            printf("学生信息修改成功，请注意及时保存\n\n");
        }
        p = p->pNext;
    }


    if (!isFindStu)
    {
        printf("学号输入有误，系统中暂无该学生信息，无法进行修改\n\n");
    }
    printf("按任意键继续.....\n");
    getchar();
}

//8.删除学生信息
void DeleteStudent()
{
    system("clear");
    //Windows 系统中使用 cls
    //system("cls");
    //以学号为查找示例，其他信息查找流程基本相似
    int stuNum;
    printf("请输入要删除学生的学号: ");
    scanf("%d", &stuNum);
    //遍历链表进行查找，找到后显示信息
    Node *p = g_pHead;
    //记录前一个节点，删除时方便操作
    Node *beforeNode = g_pHead;
    //对表头进行一次展示
    bool isShowHead = false;
    //记录是否找到该学号的学生信息
    bool isFindStu = false;
    while (p != NULL)
    {
```

```c
        if (stuNum == p->stu.nStuNo)
        {
            if (!isShowHead)
            {
                printf("*********************************************************************\n");
                printf("*\t 学号\t*\t 姓名\t*\t 性别\t*\t 年龄\t*\t 成绩\t*\n");
                printf("*********************************************************************\n");
                isShowHead = true;
            }
            printf("*\t%d\t*\t\t%s\t*\t%s\t*\t%d\t*\t\t%d\t*\n",
                    p->stu.nStuNo, p->stu.szName, p->stu.szSex,p->stu.nAge, p->stu.nScore);
            isFindStu = true;
            printf("*********************************************************************\n");
            //删除的节点为头节点
            if (p == g_pHead)
            {
                g_pHead = p->pNext;
            }
            //删除的节点为尾节点
            else if (p->pNext == NULL)
            {
                p = beforeNode;
                p->pNext = NULL;
            }
            //删除的节点为中间节点
            else
            {
                beforeNode->pNext = p->pNext;
            }
            printf("删除成功，请注意及时保存\n\n");
        }
        beforeNode = p;
        p = p->pNext;
    }
    if (!isFindStu)
    {
        printf("学号输入有误，系统中暂无该学生信息，无法进行删除\n\n");
    }
    printf("按任意键继续.....\n");
    getchar();
}
```

案例 6-15　商品出入库管理系统

【问题描述】该系统用于实现仓库管理，系统应提供入库、出库、库存查询及显示功能。用户可自定库存警戒值，当库存总数低于警戒值时以红字显示。仓库信息需要用文件存储。根据题目要求，由于商品信息存放在文件 goods.txt 中，所以应该提供文件的读入、输出等操作；允许浏览商品信息，应提供显示、查找、排序等操作；实现商品入库功能，要提供结构体的输入操作；实现统计功能，要提供相应的统计操作；实现修改功能，要提供修改操作；另外，还要提供键盘式菜单以实现功能选择。最后，在程序结束时，将一系列出、入库操作后的商品信息存放到 amount.txt 文件中。

1. 入库：读取入库文件 stockin.txt，按照商品编号为对应商品的入库数量赋值。
2. 出库：读取出库文件 stockout.txt，按照商品编号为对应商品的出库数量赋值。
3. 查询：分别按照商品编号和商品名称进行查询，并显示对应的商品信息。
4. 排序：将商品记录按照库存总数升序排列并显示。
5. 修改：分别按照商品编号和商品名称进行修改。
6. 统计：根据用户的选择统计并显示库存总数或库存状态（低于警戒值的库存总数）。
7. 退出：退出系统，并将商品信息写入 amount.txt 文件。

【参考代码】

```c
#include <stdio.h>
#include <stdlib.h>
#include <stdbool.h>
#include <string.h>
#define M 100
typedef struct Goods
{
    int num;                  //商品编号
    char name[20];            //商品名称
    int stock;                //原始库存
    int in;                   //入库数量
    int out;                  //出库数量
    int amount;               //库存总数，即最终库存
    int warning_value;        //警戒值
    int state;                //库存状态(库存总数是否低于警戒值)
} goods;
goods s[M];                   //存放商品信息
goods r[M];                   //存放入库商品信息
goods t[M];                   //存放出库商品信息
int N = 0;
int P = 0;


void Re_file();
void Stock_in();
void Stock_out();
```

```c
void Display();
void Estimate();
void Modify();
void Query();
void Sort();
void Statistics();
void Wr_file();
void Printf_back();

int main()
{
    int sele;
    Re_file();    //读取商品信息
    sele = 1;
    while (sele)
    {
        system("clear");
        //Windows 系统中使用 cls
        //system("cls");
        printf("\n\n");
        printf("******************************************\n");
        printf("*                                        *\n");
        printf("*        1.入库          2.出库          *\n");
        printf("*                                        *\n");
        printf("*        3.查询          4.排序          *\n");
        printf("*                                        *\n");
        printf("*        5.修改          6.统计          *\n");
        printf("*                                        *\n");
        printf("*        7.退出                          *\n");
        printf("*                                        *\n");
        printf("******************************************\n");
        printf("请选择功能序号：");
        scanf("%d", &sele);
        switch (sele)
        {
            case 1:
                Stock_in();
                Display();
                Printf_back();
                break;
            case 2:
```

· 133 ·

```
                    Stock_out();
                    Display();
                    Printf_back();
                    break;
                case 3:
                    Query();
                    Printf_back();
                    break;
                case 4:
                    Sort();
                    break;
                case 5:
                    Modify();
                    Display();
                    Printf_back();
                    break;
                case 6:
                    Statistics();
                    Printf_back();
                    break;
                case 7:
                    sele = 0;
                    return 0;
            }
            //printf("\n\n 按任意键继续......\n");
            getchar();
        }
    Wr_file();
    return 0;
}


void Re_file()//读入原始库存文件
{
    FILE *fp;
    N = 0;
    fp = fopen("goods.txt", "r");
    while (fscanf(fp, "%d%s%d%d%d%d%d", &s[N].num, s[N].name, &s[N].stock, &s[N].in,
            &s[N].out, &s[N].amount, &s[N].warning_value) != EOF)
        N++;
    fclose(fp);
    P = N;
```

```
}

void Stock_in()//读入入库文件
{
    FILE *fp;
    int i, j;
    N = 0;
    fp = fopen("stockin.txt", "r");
    while (fscanf(fp, "%d%d", &r[N].num, &r[N].in) != EOF)
        N++;
    fclose(fp);
    for (i = 0; i < P; i++)
    {
        for (j = 0; j < N; j++)
        {
            if (r[i].num == s[j].num)
                s[j].in = r[j].in;
        }
    }
    for (i = 0; i < P; i++)
        s[i].amount = s[i].stock + s[i].in;
}

void Stock_out()//读入出库文件
{
    FILE *fp;
    int i, j;
    N = 0;
    fp = fopen("stockout.txt", "r");
    while (fscanf(fp, "%d%d", &t[N].num, &t[N].out) != EOF)
        N++;
    fclose(fp);
    for (i = 0; i < P; i++)
    {
        for (j = 0; j < N; j++)
        {
            if (t[i].num == s[j].num)
                s[j].out = t[j].out;
        }
    }
    for (i = 0; i < P; i++)
```

```c
        s[i].amount = s[i].stock + s[i].in - s[i].out;
}

void Display()//显示库存情况
{
    int i, j;
    system("clear");
    //Windows 系统中使用 cls
    //system("cls");
    Estimate();
    printf("商品编号　商品名称　原始库存　入库数量　出库数量　库存总数　警戒值\n");
    for (i = 0, j = 1; i < P; i++, j++)
    {
        if (s[i].state == 1)//库存总数低于警戒值，用红字显示
        {
            printf("\033[31m%-9d   %-10s%-10d%-10d%-10d%-10d%-10d\n\033[0m",
                    s[i].num, s[i].name, s[i].stock, s[i].in,
                    s[i].out, s[i].amount, s[i].warning_value);
            if (j % 10 == 0 && j != P)//控制每次显示 10 行
            {
                //printf("按任意键继续......");
                //getchar();
                //puts("\n");
                printf("商品编号　商品名称　原始库存　入库数量　出库数量　库存总数　警戒值\n");
            }
        }
        else if (s[i].state == 0)//库存总数不低于警戒值，用白字显示
        {

            printf("%-9d   %-10s%-10d%-10d%-10d%-10d%-10d\n",
                    s[i].num, s[i].name, s[i].stock, s[i].in, s[i].out, s[i].amount, s[i].warning_value);
            if (j % 10 == 0 && j < P)
            {
                //printf("按任意键继续......");
                //getchar();
                //puts("\n");
                printf("商品编号　商品名称　原始库存　入库数量　出库数量　库存总数　警戒值\n");
            }
        }
    }
}
```

```c
//判断库存总数是否低于警戒值
void Estimate()
{
    int i;
    for (i = 0; i < P; i++)
    {
        if (s[i].amount >= s[i].warning_value)
            s[i].state = 0;
        else if (s[i].amount < s[i].warning_value)
            s[i].state = 1;
    }
}

//查询商品
void Query()
{
    int k, m, i, j = -1;
    char n[20];
    system("clear");
    //Windows 系统中使用 cls
    //system("cls");
    printf("\n\n");
    printf("*******************************************\n");
    printf("*                                         *\n");
    printf("*                                         *\n");
    printf("*                                         *\n");
    printf("*        1.商品编号         2.商品名称       *\n");
    printf("*                                         *\n");
    printf("*                                         *\n");
    printf("*                                         *\n");
    printf("*******************************************\n");
    printf("\n\n 请输入查询选项: ");
    scanf("%d", &k);
    if (k == 1)
    {
        printf("请输入商品编号: ");
        scanf("%d", &m);
        for (i = 0; i < P; i++)
        {
            if (m == s[i].num)
```

```c
                j = i;
            }
        }
        else if (k = 2)
        {
            printf("请输入商品名称：");
            scanf("%s", n);
            for (i = 0; i < P; i++)
            {
                if (strcmp(n, s[i].name) == 0)
                    j = i;
            }
        }
        Estimate();
        if (j == -1)
        {
            printf("\n 没有找到!\n");
        }
        else
        {
            if (s[j].state == 1)
            {
                printf("商品编号    商品名称    原始库存    入库数量    出库数量    库存总数    警戒值\n");
                printf("\033[31m%-9d    %-10s%-10d%-10d%-10d%-10d%-10d\n\033[0m",
                    s[j].num, s[j].name, s[j].stock, s[j].in, s[j].out, s[j].amount, s[j].warning_value);
            }
            else
            {
                printf("商品编号    商品名称    原始库存    入库数量    出库数量    库存总数    警戒值\n");
                printf("%-9d    %-10s%-10d%-10d%-10d%-10d%-10d\n",
                    s[j].num, s[j].name, s[j].stock, s[j].in, s[j].out, s[j].amount, s[j].warning_value);
            }
        }
}

//库存总数从小到大排序
void Sort()
{
    int i, j;
    goods t;
    for (i = 0; i < P - 1; i++)
```

```
            for (j = i + 1; j < P; j++)
            {
                if (s[i].amount > s[j].amount)
                {
                    t = s[i];
                    s[i] = s[j];
                    s[j] = t;
                }
            }
    Display();
    Printf_back();
}


//修改商品信息
void Modify()
{
    int k, m, i, j = -1, t, h;
    char n[20];
    system("clear");
    //Windows 系统中使用 cls
    //system("cls");
    printf("\n\n");
    printf("******************************************\n");
    printf("*                                        *\n");
    printf("*                                        *\n");
    printf("*                                        *\n");
    printf("*        1.商品编号         2.商品名称      *\n");
    printf("*                                        *\n");
    printf("*                                        *\n");
    printf("*                                        *\n");
    printf("******************************************\n");
    printf("\n\n 请输入修改选项: ");
    scanf("%d", &k);
    if (k == 1)
    {
        printf("请输入商品编号: ");
        scanf("%d", &m);
        for (i = 0; i < P; i++)
        {
            if (m == i)
                j = m - 1;
```

```c
        }
    }
    else if (k == 2)
    {
        printf("请输入商品名称: ");
        scanf("%s", n);
        for (i = 0; i < P; i++)
        {
            if (strcmp(n, s[i].name) == 0)
                j = i;
        }
    }
    if (j == -1)
    {
        printf("\n 没有找到!\n");
        Printf_back();
    }
    else
    {
        printf("\n\n");
        printf("*******************************************\n");
        printf("*                                         *\n");
        printf("*        1.原始库存        2.入库数量       *\n");
        printf("*                                         *\n");
        printf("*        3.出库数量        4.警戒值         *\n");
        printf("*                                         *\n");
        printf("*******************************************\n");
        printf("请选择修改选项: ");
        scanf("%d", &t);
        if (t == 1)
        {
            printf("请输入新的原始库存: ");
            scanf("%d", &h);
            s[j].stock = h;
        }
        else if (t == 2)
        {
            printf("请输入新的入库数量: ");
            scanf("%d", &h);
            s[j].in = h;
        }
```

```c
        else if (t == 3)
        {
            printf("请输入新的出库数量：");
            scanf("%d", &h);
            s[j].out = h;
        }
        else if (t == 4)
        {
            printf("请输入新的警戒值：");
            scanf("%d", &h);
            s[j].warning_value = h;
        }
        s[j].amount = s[j].stock + s[j].in - s[j].out;
    }
    printf("请核对商品信息：\n");
    Display();
}


//统计数量
void Statistics()
{
    int k, i, j, m = 0, n = 0;
    system("clear");
    //Windows 系统中使用 cls
    //system("cls");
    printf("\n\n");
    printf("*******************************************\n");
    printf("*                                         *\n");
    printf("*                                         *\n");
    printf("*                                         *\n");
    printf("*        1.库存总数        2.库存状态       *\n");
    printf("*                                         *\n");
    printf("*                                         *\n");
    printf("*                                         *\n");
    printf("*******************************************\n");
    printf("\n\n 请输入查询选项：");
    scanf("%d", &k);
    if (k == 1)
    {
        for (i = 0; i < P; i++)
            m = m + s[i].amount;
```

```
            printf("库存总数为：%d\n", m);
        }
        else if (k == 2)
        {
            Estimate();
            for (j = 0; j < P; j++)
                if (s[j].state == 1)
                    n = n + 1;
            printf("低于警戒值的库存总数为：%d\n", n);
        }
        Wr_file();
}


//写输出文件
void Wr_file()
{
    FILE *fp;
    int i;
    fp = fopen("amount.txt", "w");
    for (i = 0; i < P; i++)
        fprintf(fp, "%-9d   %-10s%-10d%-10d%-10d%-10d%-10d\n",
                s[i].num, s[i].name, s[i].stock, s[i].in, s[i].out, s[i].amount, s[i].warning_value);
    fclose(fp);

}


void Printf_back()
{
    printf("按任意键继续......");
    getchar();
}
```

6.3 习　题

一、选择题

1. 若有以下说明语句：

```
struct student{
    int num;
    char name[10];
    float score;
}stu;
```

则下面的叙述不正确的是_____。

A）struct 是结构体类型的关键字　　　　B）struct student 是用户定义的结构体类型

C）num, score 都是结构体成员名　　　　D）stu 是用户定义的结构体类型名

2. 下面对结构变量的叙述中错误的是_____。

A）相同类型的结构变量间可以相互赋值

B）通过结构变量，可以任意引用它的成员

C）通过指向结构变量的指针，可以任意引用结构变量的成员

D）结构变量与基本类型的变量间可以赋值

3. 以下对结构变量 stu1 中成员 age 的非法引用是_____。

```
struct student{
    int age;
    int num;
}stu1,*p;
p=&stu1;
```

A）stu1.age　　　　B）student.age　　　　C）p->age　　　　D）(*p).age

4. 定义下列结构体（联合）数组：

```
struct St{
    char name[15];
    int age;
} a[10]={
    {"ZHANG",14},
    {"WANG",15},
    {"LIU",16},
    {"ZHANG",17}
};
```

执行语句 printf("%d,%c",a[2].age,*(a[3].name+2));的输出结果为_____。

A）15,A　　　　B）16,H　　　　C）16,A　　　　D）17,H

5. 若有以下说明和语句，则下面表达式中值为 19 的是_____。

```
struct student{
    int num;
    int age;};
struct student stu[3] = {{1001, 20}, {1002, 19}, {1003, 21}};
```

```
struct student *p;
p = stu;
```

    A）(p++)->num   B）(p++)->age   C）(*++p).num   D）(*++p).age

6. 已知学生记录的定义为：

```
struct student{
    int no;
    char name[20];
    char sex;
    struct{
        int year;
        int month;
        int day;
    }birth;
};
struct student s;
```

假设变量 s 中的"生日"应是"1988 年 5 月 10 日"，对"生日"的正确赋值语句是_____。

    A）year=1988; month=5; day=10;

    B）birth.year=1988; birth.month=5; birth.day=10;

    C）s.year=1988; s.month=5; s.day=10;

    D）s.birth.year=1988; s.birth.month=5; s.birth.day=10;

7. 要打开一个已存在的非空文件"file"用于添加数据，正确的语句是_____。

    A）fp=fopen("file","r");   B）fp=fopen("file","a");

    C）fp=fopen("file","w");   D）fp=fopen("file","rb");

8. 已知 fread 函数的调用形式为 fread(buffer, size, count, fp);，其中 buffer 代表的是_____。

    A）一个整型变量，代表要读入的数据项总数

    B）一个文件指针，指向要读的文件

    C）一个指针，指向要读入数据在内存中的存放地址

    D）在磁盘上分配的一个存储区，存放要读的数据项

9. fscanf 函数的正确调用形式是_____。

    A）fscanf(fp, 格式字符串, 输出表列);

    B）fscanf(格式字符串,输出表列, fp);

    C）fscanf(格式字符串, 文件指针, 输出表列);

    D）fscanf(文件指针, 格式字符串, 输入表列);

10. 若文件型指针 fp 已指向某文件的末尾，则函数 feof(fp)的返回值是_____。

    A）0   B）-1   C）非零值   D）NULL

11. 在 C 语言中，下面对文件的叙述正确的是_____。

    A）用 r 方式打开的文件能向文件中写数据

    B）用 R 方式也可以打开文件

    C）用 w 方式打开的文件能向文件中写数据，且该文件可以不存在

    D）用 a 方式可以打开不存在的文件

12. 在 C 语言中，文件型指针是_____。

    A）一种字符型的指针变量   B）一种共用型的指针变量

    C）一种枚举型的指针变量   D）一种结构型的指针变量

13. 在 C 语言中，所有的磁盘文件在操作前都必须打开，打开文件函数的调用形式为：fopen(文件名,文件操作方式);，其中文件名是要打开的文件的全名，它可以是_____。

    A）字符变量名、字符串常量、字符数组名

    B）字符常量、字符串变量、指向字符串的指针变量

    C）字符串常量、存放字符串的字符数组名、指向字符串的指针变量

    D）字符数组名、文件的主名、字符串变量名

14. 设 fp 已定义，执行语句 fp=fopen("file","w"); 后，以下针对文本文件 file 的操作叙述中正确的是_____。

    A）写操作结束后可以从头开始读   B）只能写不能读

    C）可以在原有内容后追加写   D）可以随意读和写

15. 标准库函数 fgets(s,n,f)的功能是_____。

    A）从文件 f 中读取长度为 n 的字符串存入指针 s 所指的内存

    B）从文件 f 中读取长度不超过 n-1 的字符串存入指针 s 所指的内存

    C）从文件 f 中读取 n 个字符串存入指针 s 所指的内存

    D）从文件 f 中读取长度为 n-1 的字符串存入指针 s 所指的内存

16. 在 C 语言中，缓冲文件系统是指_____。

    A）缓冲区是由用户自己申请的   B）缓冲区是由系统自动建立的

    C）缓冲区是根据文件的大小决定的   D）缓冲区是根据内存的大小决定的

17. 要将存放在双精度实型数组 a[10]中的 10 个双精度实数写入文件型指针 fp1 指向的文件中，正确的语句是_____。

    A）for(i=0;i<80;i++) fputc(a[i],fp1);   B）for(i=0;i<10;i++) fputc(&a[i],fp1);

    C）for(i=0;i<10;i++) fwrite(&a[i],8,1,fp1);   D）fwrite(fp1,8,10,a);

18. 要将文件型指针 fp 指向的文件内部指针置于文件尾，正确的语句是_____。

    A）feof(fp);   B）rewind(fp);   C）fseek(fp,0L,0);   D）fseek(fp,0L,2);

19. 如果文件型指针 fp 指向的文件刚刚执行了一次读操作，则关于表达式"ferror(fp)"的正确说法是_____。

    A）如果读操作发生错误，则返回 1   B）如果读操作发生错误，则返回 0

    C）如果读操作未发生错误，则返回 1   D）如果读操作未发生错误，则返回 0

20. 以下程序执行后，abc.dat 文件的内容是_____。

```c
#include <stdio.h>
int main()
{   FILE *pf;
    char *s1="China",*s2="Beijing";
    pf=fopen("abc.dat","wb+");
    fwrite(s2,7,1,pf);
    rewind(pf);     /*文件位置指针回到文件开头*/
    fwrite(s1,5,1,pf);
    fclose(pf);
```

```
        return 0;
    }
```
A）China   B）Chinang C）ChinaBeijing D）BeijingChina

21．以下程序的输出结果是_____。

```
#include<stdio.h>

int main()
{   FILE *fp;
    char str[10];
    fp=fopen("myfile.dat","w");
    fputs("abc",fp);
    fclose(fp);
    fp=fopen("myfile.dat","a+");
    fprintf(fp,"%d",28);
    rewind(fp);
    fscanf(fp,"%s",str);
    puts(str);
    fclose(fp);
    return 0;
}
```
A）abc   B）28c   C）abc28   D）因类型不一致而出错

二、填空题

1．下面程序计算了 10 名学生的平均成绩，在画线处填写适当的表达式或语句，完成程序的功能。

```
# include <stdio.h>
struct student{
    int num;    /* 学号 */
    char name[10];  /* 姓名 */
    int score;  /* 分数 */
};
int main(void)
{   int i;
    double sum=0;
    struct student students[10];
    /* 输入 0 个学生的记录，并计算平均分 */
    for(i = 0; i < 10; i++){
        /*提示输入第 i 个同学的信息*/
        printf("Input the No %d student's number, name and score: \n", i+1);
        scanf("%d%s%d", &students[i].num,___(1)___, &students[i].score);
        sum+=___(2)___;
    }
     printf("average score is %f", sum/10);
```

```
        return 0;
    }
```

2．以下程序的输出结果是_____。

```
#include<stdio.h>
struct n {
    int x;
    char c;};
void func(struct n b)
{    b.x = 20;
     b.c= 'y';
}
int main()
{    struct n a = {10, 'x'};
     func(a);
     printf ("%d,%c", a.x,a.c);
     return 0;
}
```

3．有如下定义：

```
struct {
    int x;
    char *y;
} tab[2] = {{1, "ab"}, {2, "cd"}}, *p = tab;
```

语句 printf("%c", *(++p)->y);的输出结果是_____。

4．以下程序的功能是，从名为 file.dat 的文本文件中逐个读入字符并显示在屏幕上。在画线处填写适当的表达式或语句，完成程序的功能。

```
#include <stdio.h>
int main()
{    FILE *fp;
     char ch;
     fp=___(1)___;
     ch=fgetc(fp);
     while(___(2)___) {
         ___(3)___
         ___(4)___    }
     putchar('\n');
     fclose(fp);
     return 0;
}
```

5．以下程序的功能是首先把整型数组 a[10]中的每个元素写入文件 d1.dat 中，然后再次打开这个文件，把文件 d1.dat 中的内容读入整型变量 n 中，最后输出变量 n 的值。在下面画线处填写适当的表达式或语句，完成函数的功能。

```c
#include <stdio.h>
int main()
{    FILE *fp;
     int a[10]={1,2,3},i,n;
     fp=_____(1)_____
     for(i=0; i<3; i++)
         _____(2)_____
     fprintf(fp,"\n");
     fclose(fp);
     fp=_____(3)_____
     _____(4)_____
     fclose(fp);
     printf("%d\n",n);
     return 0;
}
```

习题参考答案

一、选择题

1．D   2．D   3．B   4．C   5．D   6．D   7．B   8．C   9．D   10．C
11．C   12．D   13．C   14．B   15．B   16．B   17．C   18．D   19．D   20．B
21．C

二、填空题

1．（1）students[i].name   （2）students[i].score

2．10,x

3．c

4．（1）fopen("filea.dat","r")   （2）!feof(fp)   （3）putchar(ch);   （4）ch=fgetc(fp);

5．（1）fopen("d1.dat","w");   （2）fprintf(fp, "%d",a[i]) ;
    （3）fopen("d1.dat","r");   （4）fscanf(fp,"%d",&n);

参 考 资 料

[1] 谭浩强. C 程序设计（第 5 版）. 北京：清华大学出版社，2017.

[2] 王晓斌，王庆军等. 新编 C/C++程序设计教程. 北京：北京航空航天大学出版社，2015.

[3] 何钦铭，颜晖. C 语言程序设计（第 4 版）. 北京：高等教育出版社，2020.

[4] 苏小红，王宇颖，孙志岗. C 语言程序设计. 北京：高等教育出版社，2013.

[5] 陈章进. C 程序设计基础教程. 上海：上海大学出版社，2005.

[6] 刘明军，潘玉奇. 程序设计基础（C 语言）（第 2 版）. 北京：清华大学出版社，2014.

[7] 刘志海，鲁青. C 程序设计与案例分析. 北京：清华大学出版社，2014.

[8] Kyle Loudon. 算法精解：C 语言描述. 肖翔，陈舸，译. 北京：机械工业出版社，2012.

[9] Gray J Bronson. 标准 C 语言基础教程（第四版）. 张永健等，译. 北京：电子业出版社，2018.

[10] Stephen Prata. C Primer Plus（第五版）中文版. 北京：人民邮电出版社，2005.

[11] Perter Van Der Linden. C 专家编程. 北京：人民邮电出版社，2008.

[12] Ivor Horton. C 语言入门经典（第 5 版）. 杨浩，译. 北京：清华大学出版社，2020.

[13] Robert Sedgewick. 算法：C 语言实现（第 1~4 部分）基础知识、数据结构、排序及搜索（原书第 3 版）. 霍红卫，译. 北京：机械工业出版社，2020.

[14] 严蔚敏，吴伟民. 数据结构：C 语言版. 北京：清华大学出版社，2012.

[15] Stephen Kochan. C 语言编程：一本全面的 C 语言入门教程（第三版）. 科汉，张小潘，译. 北京：电子工业出版社，2006.

[16] Mark Allen Weiss. 数据结构与算法分析（原书第 2 版）. 冯舜玺，译. 北京：机械工业出版社，2004.

[17] Peter Prinz，Tony Crawford. C 语言核心技术（原书第 2 版）. 袁野，译. 北京：机械工业出版社，2017.

[18] Samuel P Harbison，Guy L Steele. C 语言参考手册. 北京：人民邮电出版社，2007.

[19] 陈正冲. C 语言深度解剖（第 3 版）. 北京：北京航空航天大学出版社，2019.

[20] 冼镜光. C 语言名题精选百则技巧篇. 北京：机械工业出版社，2005.

[21] Brian W Kernighan，Dennis M Ritchie. C 程序设计语言. 徐宝文等，译. 北京：机械工业出版社，2004.

[22] Al Kelley，Ira Pohl. C 语言解析教程（原书第 4 版）. 北京：中国标准出版社. 2007.

[23] Steve Oualline. 实用 C 语言编程. 郭大海，译. 北京：中国电力出版社. 2000.

[24] 王娣，韩旭. C 语言从入门到精通（第 4 版）. 北京：清华大学出版社. 2019.

[25] 柴田望洋. 明解 C 语言（第 3 版）. 管杰等，译. 北京：人民邮电出版社. 2015.

[26] Eric S Roberts. C 语言的科学和艺术. 翁惠玉等，译. 北京：机械工业出版社. 2011.